国家出版基金项目
NATIONAL PUBLICATION FOUNDATION

中国智能城市建设与推进战略研究丛书
Strategic Research on Construction and
Promotion of China's iCity

中国
智能电网
与智能能源网
发展战略研究

中国智能城市建设与推进战略研究项目组 编

ZHEJIANG UNIVERSITY PRESS
浙江大学出版社

图书在版编目（CIP）数据

中国智能电网与智能能源网发展战略研究 / 中国智能城市建设与推进战略研究项目组编. — 杭州 ： 浙江大学出版社，2016.5

（中国智能城市建设与推进战略研究丛书）

ISBN 978-7-308-15829-9

Ⅰ．①中… Ⅱ．①中… Ⅲ．①智能控制－电网－发展战略－研究－中国②智能控制－能源－网络系统－发展战略－研究－中国 Ⅳ．①TM76②TK01

中国版本图书馆CIP数据核字(2016)第101005号

中国智能电网与智能能源网发展战略研究

中国智能城市建设与推进战略研究项目组　编

出 品 人	鲁东明	
策　　划	徐有智　许佳颖	
责任编辑	伍秀芳（wxfwt@zju.edu.cn）	
责任校对	杨利军　郝　娇	
装帧设计	俞亚彤	
出版发行	浙江大学出版社	
	（杭州市天目山路148号　　邮政编码　310007）	
	（网址：http://www.zjupress.com）	
排　　版	杭州林智广告有限公司	
印　　刷	浙江印刷集团有限公司	
开　　本	710mm×1000mm　1/16	
印　　张	13	
字　　数	192千	
版印次	2016年5月第1版　2016年5月第1次印刷	
书　　号	ISBN 978-7-308-15829-9	
定　　价	89.00元	

"城市智能电网与智能能源网发展战略咨询研究"课题组

课题组组长

余贻鑫	天津大学	院士
岑可法	浙江大学	院士

课题组成员

贾宏杰	天津大学	教授
倪明江	浙江大学	教授
骆仲泱	浙江大学	教授
王守相	天津大学	教授
池 涌	浙江大学	教授
俞自涛	浙江大学	教授
曾 沅	天津大学	副教授
董 宏	浙江大学	研究员
赵金利	天津大学	副教授
陈玲红	浙江大学	副教授
郭 力	天津大学	副教授
范利武	浙江大学	研究员
刘 洪	天津大学	副教授

序

"中国智能城市建设与推进战略研究丛书"，是由 47 位院士和 180 多名专家经过两年多的深入调研、研究与分析，在中国工程院重大咨询研究项目"中国智能城市建设与推进战略研究"的基础上，将研究成果汇总整理后出版的。这套系列丛书共分 14 册，其中综合卷 1 册，分卷 13 册，由浙江大学出版社陆续出版。综合卷主要围绕我国未来城市智能化发展中，如何开展具有中国特色的智能城市建设与推进，进行了比较系统的论述；分卷主要从城市经济、科技、文化、教育与管理，城市空间组织模式，智能交通与物流，智能电网与能源网，智能制造与设计，知识中心与信息处理，智能信息网络，智能建筑与家居，智能医疗卫生，城市安全，城市环境，智能商务与金融，智能城市时空信息基础设施，智能城市评价指标体系等方面，对智能城市建设与推进工作进行了论述。

作为"中国智能城市建设与推进战略研究"项目组的顾问，我参加过多次项目组的研究会议，也提出一些"管见"。总体来看，我认为在项目组组长潘云鹤院士的领导下，"中国智能城市建设与推进战略研究"取得了重大的进展，其具体成果主要有以下几个方面。

20 世纪 90 年代，世界信息化时代开启，城市也逐渐从传统的二元空间向三元空间发展。这里所说的第一元空间是指物理空间（P），由城市所处物理环境和城市物质组成；第二元空间指人类社会空间（H），即人类决策与社会交往空间；第三元空间指赛博空间（C），即计算机和互联网组成的"网络信息"空间。城市智能化是世界各国城市发展的大势所趋，只是各国城市发展阶段不同、内容不同而已。目前国内外提出的"智慧城市"建设，主要集中于第三元空间的营造，而我国城市智能化应该是"三元空间"彼此协调，使规划与产业、生活与社交、社会公共服务三者彼此交融、相互促进，应该是超越现有电子政务、数字城市、网络城市和智慧城市建设的理念。

新技术革命将促进城市智能化时代的到来。关于新技术革命，当今世界有"第二经济""第三次工业革命""工业 4.0""第五次产业革命"等论述。而落实到城市，新技术革命的特征是：使新一代传感器技术、互联网技术、大数据技术和工程技术知识融入城市的各系统，形成城市建设、城市经济、城市管理和公共服务的升级发展，由此迎来城市智能化发展的新时代。如果将中国的城镇化（城市化）与新技术革命有机联系在一起，不仅可以促进中国城市智能化进程的良性健康发展，还能促使更多新技术的诞生。中国无疑应积极参与这一进程，并对世界经济和科技的发展作出更巨大的贡献。

用"智能城市"（Intelligent City，iCity）来替代"智慧城市"（Smart City）的表述，是经过项目组反复推敲和考虑的。其原因是：首先，西方发达国家已完成城镇化、工业化和农业现代化，他们所指的智慧城市的主要任务局限于政府管理与服务的智能化，而且其城市管理者的行政职能与我国市长的相比要狭窄得多；其次，我国正处于工业化、信息化、城镇化和农业现代化"四化"同步发展阶段，遇到的困惑与问题在质和量上都有其独特性，所以中国城市智能化发展路径必然与欧美有所不同，仅从发达国家的角度解读智慧城市，将这一概念搬到中国，难以解决中国城市面临的诸多发展问题。因而，项目组提出了"智能城市"（iCity）的表述，希冀能更符合中国的国情。

智能城市建设与推进对我国当今经济社会发展具有深远意义。智能城市建设与推进恰好处于"四化"交汇体上，其意义主要有以下几个方面。一是可作为"四化"同步发展的基本平台，成为我国经济社会发展的重要抓手，避免"中等收入陷阱"，走出一条具有中国特色的新型城镇化（城市化）发展之路。二是把智能城市作为重要基础（点），可促进"一带一路"（线）和新型区域（面）的发展，构成"点、线、面"的合理发展布局。三是有利于推动制造业及其服务业的结构升级与变革，实现城市产业向集约型转变，使物质增速减慢，价值增速加快，附加值提高；有利于各种电子商务、大数据、云计算、物联网技术的运用与集成，实现信息与网络技术"宽带、泛在、移动、融合、安全、绿色"发展，促

进城市产业效率的提高，形成新的生产要素与新的业态，为创业、就业创造新条件。四是从有限信息的简单、线性决策发展到城市综合系统信息的网络化、优化决策，从而帮助政府提高城市管理服务水平，促进深化城市行政体制改革与发展。五是运用新技术使城市建筑、道路、交通、能源、资源、环境等规划得到优化及改善，提高要素使用效率；使城市历史、地貌、本土文化等得到进一步保护、传承、发展与升华；实现市民健康管理从理念走向现实等。六是可以发现和培养一批适应新技术革命趋势的城市规划师、管理专家、高层次科学家、数据科学与安全专家、工程技术专家等；吸取过去的经验与教训，重视智能城市运营、维护中的再创新（Renovation），可以集中力量培养一批基数庞大、既懂理论又懂实践的城市各种功能运营维护工程师和技术人员，从依靠人口红利，逐渐转向依靠知识与人才红利，支撑我国城市智能化健康、可持续发展。

综上所述，"中国智能城市建设与推进战略研究丛书"的内容丰富、观点鲜明，所提出的发展目标、途径、策略与建议合理且具可操作性。我认为，这套丛书是具有较高参考价值的城市管理创新与发展研究的文献，对我国新型城镇化的发展具有重要的理论意义和应用实践价值。相信社会各界读者在阅读后，会有很多新的启发与收获。希望本丛书能激发大家参与智能城市建设的热情，从而提出更多的思考与独到的见解。

我国是一个历史悠久、农业人口众多的发展中国家，正致力于经济社会又好又快又省的发展和新型城镇化建设。我深信，"中国智能城市建设与推进战略研究丛书"的出版，将对此起到积极的、具有正能量的推动作用。让我们为实现伟大的"中国梦"而共同努力奋斗！

是以为序！

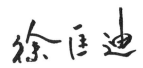

2015 年 1 月 12 日

前　言

2008 年，IBM 提出了"智慧地球"的概念，其中"Smart City"即"智慧城市"是其组成部分之一，主要指 3I，即度量（Instrumented）、联通（Interconnected）、智能（Intelligent），目标是落实到公司的"解决方案"，如智慧的交通、医疗、政府服务、监控、电网、水务等项目。

2009 年年初，美国总统奥巴马公开肯定 IBM 的"智慧地球"理念。2012 年 12 月，美国国家情报委员会（National Intelligence Council）发布的《全球趋势 2030》指出，对全球经济发展最具影响力的四类技术是信息技术、自动化和制造技术、资源技术以及健康技术，其中"智慧城市"是信息技术内容之一。《2030 年展望：美国应对未来技术革命战略》报告指出，世界正处在下一场重大技术变革的风口浪尖上，以制造技术、新能源、智慧城市为代表的"第三次工业革命"将在塑造未来政治、经济和社会发展趋势方面产生重要影响。

在实施《"i2010"战略》后，2011 年 5 月，欧盟 Net!Works 论坛出台了 Smart Cities Applications and Requirements 白皮书，强调低碳、环保、绿色发展。之后，欧盟表示将"Smart City"作为第八期科研架构计划（Eighth Framework Programme，FP8）重点发展内容。

2009 年 8 月，IBM 发布了《智慧地球赢在中国》计划书，为中国打造六大智慧解决方案：智慧电力、智慧医疗、智慧城市、智慧交通、智慧供应链和智慧银行。2009 年，"智慧城市"陆续在我国各层面展开，截至 2013 年 9 月，我国总计有 311 个城市在建或欲建智慧城市。

中国工程院曾在 2010 年对"智慧城市"建设开展过研究，认为当前我国城市发展已经到了一个关键的转型期，但由于国情不同，"智慧城市"建设在我国还存在一定问题。为此，中国工程院于 2012 年 2 月启动了重大咨询研究项目"中国智能城市建设与推进战略研究"。自项目开展以来，很多城市领导和学者都表现出浓厚的兴趣，希望投身到智能城市建设的研究与实践中来。在各界人士的大力支持以及中国工程院"中国智能城市建设与推进战略研究"项目组院士和专家们的努力下，我们融合了三方面的研究力量：国家有关部委（如国家发改委、工信部、住房和城乡建设部等）专家，典型城市（如北京、武汉、西安、上海、宁波等）专家，中国工程院信息与电子工程学部、能源与矿业工程学部、环境与轻纺工程学部、工程管理学部以及土木、水利与建筑工程学部等学部的 47 位院士及 180 多位专家。研究项目分设了 13 个课题组，涉及城市基础建设、信息、产业、管理等方面。另外，项目还设 1 个综合组，主要任务是在 13 个课题组的研究成果基础上，综合凝练形成"中国智能城市建设与推进战略研究丛书"综合卷。

两年多来，研究团队经过深入现场考察与调研、与国内外专家学者开展论坛和交流、与国家主管部门和地方主管部门相关负责同志座谈以及团队自身研究与分析等，已形成了一些研究成果和研究综合报告。研究中，我们提出了在我国开展智能城市（Intelligent City，iCity）建设与推进会更加适合中国国情。智能城市建设将成为我国深化体制改革与发展的促进剂，成为我国经济社会发展和实现"中国梦"的有力抓手。

目 录
CONTENTS

第3章　城市智能能源网

第4章　城市智能电网与智能能源网发展战略和相关建议

第1章

iCity 城市智能电网与智能
能源网发展的背景与内涵

一、发展背景

在过去的一个世纪中，化石能源已经成为推动经济发展不可或缺的能源动力。进入 21 世纪，随着化石能源的日益枯竭以及全球气候问题的日益突出，工业化革命以来的高碳经济发展模式已经受到了重大挑战。低碳经济发展模式正在对现有的生产生活方式进行着根本性的变革，这种变革对全球政治、经济、能源等发展格局产生了深刻的影响。在这场变革中，能源行业处于整个变动的第一环。电力是现代社会中不可替代的能源利用方式。伴随着社会经济技术水平的提高，电力系统的规模、作用和地位都发生了深刻的变化。目前，电力系统已经成为现代经济发展和社会进步的重要基础和保障，是国家能源安全的重要组成部分。

根据国家统计局发布的十八大以来我国能源发展状况相关报告，2015 年全国能源消费总量为 43×10^8 tce（吨标准煤），比 2012 年增长 6.9%，年均增幅为 2.3%。如此巨大的能耗使得我国的能源安全面临着巨大挑战。同时，随着国家大力发展新能源的号召，新能源并网带来的调峰问题和电网适应性不够的问题也是电力供应所要考虑的。调峰不仅仅是电力面临的问题，水、气都有调峰需求。近年来，南方地区频繁爆发的天然气荒等能源荒，很大程度上是中国对天然气调峰能力的不足造成的。天然气供应的峰谷差问题也日渐严峻，成为影响天然气供应安全的一大难题。

面对未来世界范围内的节能减排、环境保护和可持续发展的要求，电力系统将担负起愈来愈重要的责任。回顾电力系统的发展史，经济社会发展对电力的需求是电力系统发展的不竭动力，而技术的进步则起到了关键性的推动作用。进入 21 世纪以来，国内外电力企业、研究机构和学者针对未来电网的发展模式开展了一系列研究与实践，智能电网理念逐步萌发成形。近年来，欧美国家已经将发展智能电网逐步上升到国家战略层面，成为国家经济发展和能源政策的重要组成部分。

2010 年 6 月 7 日，胡锦涛总书记在院士大会上讲道："当今世界，各国都在积极追求绿色、智能、可持续的发展。绿色发展，就是要发展环境友好型产业，降低能耗和物耗，保护和修复生态环境，发展循环经济和低碳技术，使经济社会发展与自然相协调。智能发展，就是要推进信息化与工业化融合，不断创造新的经济增长点、新的市场、新的就业形态，提高社会运行效率，实现互联互通、信息共享、智能处理、协同工作。可持续发展，就是要解决好经济社会发展的能源资源约束，有效保证发展对能源资源的需求，不仅要造福当代人，而且要使子孙后代永续发展。"他同时指出，当前要重点在推动八项科技发展上作出努力，争取尽快取得突破性进展。其中第一点就是要"大力发展能源资源开发利用科学技术。要坚持系统谋划、节能优先、创新替代、循环利用、绿色低碳、安全持续，加强对我国能源资源问题的研究，制定我国可持续发展路线图。要发展资源勘探开发和高效利用技术，积极发展大陆架和地球深部能源资源勘查和开发，积极发展可再生能源和新型、安全、清洁替代能源，形成可持续的能源资源体系，切实保障我国能源资源有效供给和高效利用，使我国能源资源产业具有国际竞争力。要发展节能建筑、轨道交通、电动汽车技术，加强煤的清洁高效综合利用、煤转天然气、煤制重要化学品技术研发，构建覆盖城乡的智能、高效、可靠的电网体系"。

2010 年 3 月"两会"期间，温家宝总理在《政府工作报告》中也指出，要"大力开发低碳技术，推广高效节能技术，积极发展新能源和可再生能源，加强智能电网建设"。智能电网首次被写入《政府工作报告》。

2011 年，"国家'十二五'中国智能能源网发展模式和实施方案课题组"在北京成立，意味着中国正式开始筹备智能能源网。同年，我国正式发布了泛在绿色社区控制网络国际标准 IEEE 1888，标志着我国在主导制定"智慧能源"国际标准方面获得了重大突破。

二、城市智能电网与智能能源网内涵

（一）城市智能电网

1. 城市智能电网的总体设想

未来城市智能电网的总体设想（如图 1.1 所示）是实现智能化、高效、包容、激励、机遇、重视质量、抗干扰能力（鲁棒性）强和环保等目标，而不是单纯地智能化，或单纯地将智能化技术应用于电网。

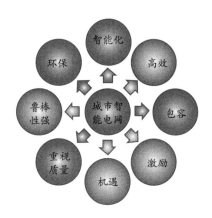

图 1.1　未来城市智能电网的总体设想

这些机能可以简明地解释为：

（1）智能化：具有可遥感系统不安全状态的能力和网络"自愈"的能力，以防止或减少潜在的停电；在系统需要做出无法人为实现的快速反应时，能根据电力公司、消费者和监管人员的要求，自主地工作。

（2）高效：在少增加乃至不增加基础设施的前提下，最大化地满足日益增长的消费需求。

（3）包容：能够容易和透明地接受任何种类的能源，包括太阳能和风能；能够集成各种已经得到市场证明和可以接入电网的优良技术，如成熟的储能技术。

（4）激励：使消费者与电力公司之间能够实时地沟通，从而使消费者可以根据个人偏好定制其电能消费模式。

（5）机遇：具有随时随地可"即插即用"的创新能力，从而创造出新的机遇和市场。

（6）重视质量：能够提供数字化经济所需的可靠性和电能质量（如极小化电压的凹陷、尖峰、谐波、干扰和中断现象）。

（7）鲁棒性强：具有自愈功能且更为分散，并采用了安全协议，因而系统能对恐怖袭击、军事威胁、元件故障、自然灾害等扰动做出自愈的响应。设想中鲁棒性更强的电网，在紧急状态下能分片实现"自适应孤岛运行"，并且之后能够快速恢复供电。

（8）环保：减缓全球气候变化，提供可大幅度改善环境的切实有效的途径。

城市电网是城市范围内为城市供电的各级电压电网的总称，它包括送电网、高压配电网、中压配电网和低压配电网，还有为其提供电源的变电站和网内的发电厂，其中配用电环节为城市电网的功能核心。城市电网是电力系统的重要组成部分，又是其主要的负荷中心，具有用电量大、负荷密度高、安全可靠性要求高和供电质量要求高等特点。相对于传统电网，智能电网的先进性主要体现在配用电环节，因此，智能电网的发展重心也应在城市电网，即城市智能电网。城市智能电网是将先进的传感测量技术、信息通信技术、分析决策技术、自动控制技术和能源电力技术相结合，并与城市电网基础设施高度集成而形成的新型现代化城市电网。它的重点在于以大力发展清洁能源和提高供电可靠性为目标，开展配电网的智能化实践，包括分布式电源接入、配电网自愈控制、电动汽车充电电站的大规模建设、用电与供电的双向互动等（如图1.2所示）。

城市智能电网与传统意义上的城市电网间存在一些较为明显的区别，如表1.1所示。

图1.2 城市智能电网简要示意

表1.1 城市智能电网与传统城市电网比较

对应特性	传统城市电网	城市智能电网
电源接入类型	由集中式电源统一供电	分布式电源广泛参与
用户参与程度	较少	交互/互动
供电恢复	人工	自愈
网络拓扑结构	以辐射型居多	多形成环网
需求响应	单一或不存在	有效实施
电表类型	模拟/数字	智能型/数字型

城市电网作为负荷中心，基本为受端电网，因此其智能化建设离不开配网智能化、分布式电源、智能电表等相关内容。欧美等国家和地区的城市电网主网架相对稳定，负荷需求也较为固定，而我国的城市电网负荷需求增长迅速，网络拓扑结构简单，电力市场化起步较晚，因而需要更多的资产投入和政策支持。

2. 城市智能电网的影响

城市智能电网是全社会实现大幅度节能减排的一条有效途径，其建设不仅将给电力行业带来革命性的产业变化，也将对人们的日常生活方式与生活习惯产生实质性的影响，主要体现在以下几个方面：

（1）实现城市智能电网的最优运行：城市智能电网采用分布式电源，应用先进的监控技术，对运行状况进行实时监控并优化管理，降低系统容载比并提高其负荷率，使系统容量能够得到充分利用，从而延缓或减少电网一次设备的投资，产生显著的经济效益和社会效益。

（2）提供优质可靠的电能：城市智能电网在保证供电可靠性的同时，还能够为用户提供满足其特定需求的电能质量，为各种高科技设备的正常运行和现代社会与经济的发展提供可靠优质的电力保障。

（3）提升电网故障情况下的自愈能力：城市智能电网引入配网自动化、智能变电站等技术，能够增强网架结构，促进城市电网拓扑结构的改善，加强城市电网对风险状况的预判和防控能力，保证在极端情况下的城市电网具有一定的自我修复能力，供电可靠性大为增强，有助于提高城市电网安全运行水平，更好地支撑经济社会发展。

（4）推动新能源革命，促进环保与可持续发展：城市智能电网能够大量地接入分布式电源并减少并网成本，极大地推动可再生能源发电的发展，降低化石燃料的使用和碳排放量，推进新能源的使用，在促进环保的同时，实现电力生产方式与能源结构的转变。

（5）建设智能家居，使生活更加便捷：城市智能电网可以实现家用电器的远程控制，可以为电信网、互联网、广播电视网等提供接入服务，还能通过智能电表实现自动抄表和自动转账缴费等功能。

（6）促进电网与用户双向互动：电网侧通过城市智能电网实现对电力设备等的优化管理、节能降损，并提高城市电网资产的使用效率；可以支持可再生能源发电和混合动力车的接入；通过需求响应技术等可有效推进智能用电；通过利用先进的智能电表所提供的实时用电信息来改变用户的用电行为模式，引导用户节约用电；用户可根据需要酌情安排用电负荷，缓解电网压力的同时，确保用电相关生活的舒适度；通过实施分时/实时电价，进一步降低尖峰用电，从而实现负荷的削峰填谷，避免为满足峰荷需求而增建电厂的庞大投资，提高电力资产的利用率。

（7）促进相关产业的协调发展：城市智能电网不仅将给现有城市电网带来巨大的变化，同时其与现代通信、网络技术等可以相互结合，实现新能源、新客户、新电网之间的协调发展，在满足最大化用户信息服务需求的情况下，同时实现良好的经济效益和社会效益。城市智能电网将带动信息、通信、装备制造、智能家用电器等多个领域的技术研发和产品生产，促进智能楼宇、智能家居、智能交通等领域的技术创新和设备研发，进一步推动电工、电子、信息、通信装备的自动化、数字化、信息化水平的提升和交叉融合。美国能源部西北太平洋国家实验室的研究结果表明，仅使用数字工具设定家庭室内温度，并融入价格信息，能源消耗每年可缩减15%。目前，与城市智能电网有关的部分设备/举措已在国外先进电网企业实施和应用，并为企业带来了丰厚的回报。如，意大利主要电力运营商自2001年起陆续安装和改造了3 000万台智能电表，至2014年其智能电表覆盖率已超过85%，建立起了智能化的计量网络。这一举措使得管理成本节省了约5亿欧元，客户服务成本降低了40%以上，为当地电网负荷监测和精准管理作出了重要贡献。意大利国家电力公司计划在2015 — 2019年再安装3 000万台智能电表。

城市智能电网需要全社会的共同努力才能够建成，其建设将为制造业、服务业产品的升级换代带来契机，因而成为全世界关注的技术创新制高点。

3. 城市智能电网的建设

目前，国内外开展了一系列的城市智能电网建设，对我国的城市电网而言，更多的是在原有基础上进行的设备升级改造，或者是纯粹的城市智能小区建设示范工程，它们为城市智能电网的建设奠定了基础并积累了相应的建设经验。资料显示，国外城市智能电网建设常采用如下方式：

- 配电自动化技术；
- 智能电表及交互技术；
- 实时高速双向通信网络技术；
- 分布式电源/可再生技术；
- 智能家居技术；
- 远程实时监控技术；
- 实时数据采集与通信技术。

我国的城市智能电网建设可以参考引入以上技术，同时结合我国城市实际发展状况进行相应的调整。下面以北京城市电网改造建设工作为例，说明城市智能电网建设需要做的工作。

北京电网在经过"9550""9950""0811"等工程建设后，已形成了 500 kV 单环网的主网架，并建成了 8 个对外联络通道、220 kV 的双环网。北京电网的供电区域现为 5 个，分区互为备用，互相支撑，深入到城市中心地区，大大提高了市区供电容量及供电可靠性。10 kV 电缆网主要采用双射网供电，双回线路同时运行，互为备用，每回电缆线路正常运行时各承载 50% 的负荷。二环内城市核心区实现了多分段、多连接的供电方式，五环内城市中心区基本实现了三分段、三联络的供电网络，供电能力得到了有效的提升。

北京电网虽然接受了大规模的建设改造，但外受电比例较高（73% 左右），短路容量偏大，无功补偿不平衡，重载问题依然存在。外送电比例较高的受端电网特性，使得区内电力供应过度依赖于外部资源状况，供应的主动性、安全性受到一定的挑战，并且区内电源多为火力电厂，不满足建设环境友好型、资源节约型城市的要求。

北京城区的配电自动化系统采用集中型全自动 FA（Feeder Automation，自动化馈线）方式实现馈线自动化功能，通过配网自动化主站系统与 FTU（Feeder Terminal Unit，馈线终端设备）之间集中故障处理逻辑，实现故障设备的隔离与非故障区域的恢复供电。通过此功能，系统能够在第一时间内获取故障信息，并对故障快速定位，使城区调度运行人员能够迅速对故障进行恢复。

与国外的先进水平相比，北京网架结构在规划、设计、建设、运行等全过程中的技术和管理标准化上仍然存在差距；局部电网设备老化现象较为严重，一次装备的智能化水平仍有待提高；网架结构不完全满足电网自愈能力的要求，故障设备的隔离或恢复正常运行的过程仍需大量人为干预；设备巡视检测、评估诊断与辅助决策的技术手段和模型尚未建立；无论是一次系统还是二次系统遭到外部攻击，都会对电力系统本身造成攻击伤害。另外，虽然北京市对电动汽车的使用及充电桩的建设等有了一定的政策鼓励和资金投入，但仍未形成相应的规模。

从北京的示例来看，我国在城市智能电网的建设方面依旧任重而道远，在城市智能电网先进技术的引进及相应的政策鼓励、技术支撑等方面需要一定的投入。目前，鼓励智能电表、智能电器、电动汽车以及分布式发电进入城市电网，实现高速双向的通信网的建设，将是我国城市智能电网建设的重要方向。

（二）城市智能能源网

1. 智能能源网的出现和内涵

近年来，随着人们对生活质量的要求越来越高以及科学技术的不断发展，建设智能城市已经成为人们关注的重点。智能城市建设可以满足当前我国转变发展模式、调整经济结构、提升城镇化质量的重大需求，是未来城市发展的一种高级阶段，是党的十八大提出的"新型城镇化建设"总体战略的重大核心。智能城市建设的基本理念是：打造"节能环保的科技产业"，完善"便捷舒适的城市功能"和创建"富足美好的市民生活"，形成"创新产业、乐居生活、品质城市"三者协调共存的先进产业都市的典范。2013 年 6 月 26日，第十二届全国人民代表大会常务委员会第三次会议做出的《国务院关于城镇化建设工作情况的报告》强调，"推进创新城市、绿色城市、智慧城市和人文城市建设，全面提升城市内在品质"，提高城市可持续发展能力，是促进城镇化健康发展的战略重点之一。

在能源资源日益减少和能耗逐年上升的今天，对城市发展来说，能源问题是不能回避的一个重要问题。能源系统是城市基础构建中不可或缺的一个核心环节。如何切实匹配智能概念，提出一套与智能城市构建相辅相成的智能能源系统，是必须认真思考的问题。现在，大多数城市仍在使用传统能源网络，这些网络与当下提出的智能城市的概念契合度不高。智能能源网建设中存在以下难题：

（1）目前的城市能源网络缺乏全局层面的顶层设计与综合协调机制，无法解决区域间能源（资源）供给与需求之间的矛盾。

（2）缺乏健全、泛在的信息网络技术、机制和体系，无法对能源供应端和用户端进行实时、高效、便捷的反馈和输配。

（3）缺乏针对海量数据进行有效管理的技术和机制，无法适应大数据时代对智慧能源网络庞大信息的准确分析和精准预案需求。

（4）缺乏对智能能源网络建设的风险认识和技术应对策略，无法形成系统的能源网络建设标准和盈利模式。

因此，我们应该构建基于先进产业都市的智能城市智能能源网络（如图 1.3 所示），应用诸多先进的智能技术和智能产品，使之具有可以替代人脑决策和人力劳动的智能特征，能够充分使用各种新型的节能环保技术；使原来相对孤立的能量利用系统，可以按照"温度对口、梯级利用"的原则进行优化匹配；使能源技术与环保技术结合起来，形成一个新能源利用、二氧化碳减排、城市智能物流、智能人居环境、空气质量智能控制、城市废弃物资源化综合利用等有机结合的、更高层面的城市综合系统，最大限度地利用当地地区能源，大幅度提高生活、产业两方面的能源利用效率。为打造智能城市，提供产业技术核心的支撑与保障，构建智能能源网络的核心理念是：统筹管理各类能源（资源），协调不同等/梯级的水、电、气、冷、热供需，达到能源（资源）高效利用（如图 1.4 所示）。实现以节约型消费和环境承载力为综合导向的能源（资源）的智能调配；实现能源（资源）供给和消费的相互匹配，提高能源（资源）利用率，避免能源（资源）紧缺或浪费。

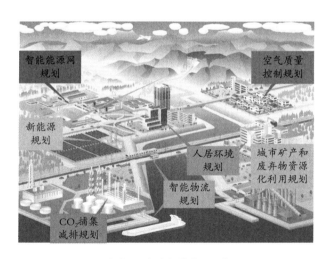

图1.3 先进产业都市智能能源网络愿景图

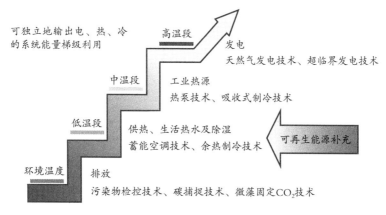

图1.4 智能能源网梯级利用图

为此，针对建设智能城市中能源系统发展所面临的几个问题，智能能源网的发展可以总结为四个基本点：

（1）最大限度地利用当地能源，大幅度提高生活、生产两方面的能源利用效率。

（2）采用适当的新技术措施应对气候变化、环境恶化，减少污染排放，改善城市环境，提高生活品质。

（3）推荐节能减排高新技术产业项目，并协助实施产业落地。

（4）辐射地区经济，通过与其他地区相互合作、相互补充，获得示范效应和相乘效应。

智能能源网是一个比智能电网层次更高、规模更大的新型能源网络。智能能源网，是以智能燃气网、智能电网、智能水网、智能热力网、废弃物资源智能利用、污染源智能调配和智能排放控制等多行业间的能源资源输配架构为基础，以供能多源稳定、用能清洁高效、输能快捷方便、蓄能安全充足、排放减量达标为特征，以信息通信技术和智能数据中心为依托，多元互动、资源整合、优化配置的能源网络（如图1.5所示）。

在实际操作中，发展和完善智能能源网需要利用先进的通信、传感、储能、新材料、海量数据优化管理和智能控制等技术，对传统电力、水务、热力、燃气等单向运转且浪费巨大的能源网络的流程架构体系进行革新改造和创新，构建新型能源生产、消费的交互架构，形成不同能源网架间更高效率能源流的智能配置和智能交换。

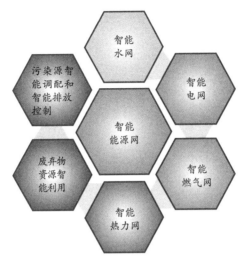

图 1.5 智能能源网概念图

智能能源网提倡以生态环境的可持续为前提，以经济社会的可持续发展为目标，建立科学合理的能源生产方式和消费模式以及相应的激励机制和约束机制，其内涵主要体现在以下三方面。

1）技术创新

以能源的可持续利用为目标，以低能耗、低碳和低污染为基础，运用先进的新技术、新工艺、新设备，大力发展清洁能源，积极开发可再生能源、新能源及分布式能源技术，优化能源消费结构，提高能源的使用效率，减少能源系统进化所带来的环境、经济等问题。另外，保证新技术能够安全、可靠、连续地供能也将是技术研究的重点之一。

对于智能能源网，现有的新技术（如图 1.6 所示）包括以下几个方面：

（1）风能利用：风能作为间歇式能源，受气候影响较大，风速等因素都会直接影响其发电效率。如何做好调研工作，对风力资源进行分析，结合用能特点，合理利用储电装置，保证可靠连续的能源供给是风能研究的重点。另外，如何有效降低噪声和进行初期投资，也是风能研究的一个重要方面。

（2）太阳能综合利用：太阳能是另一种普遍使用的清洁能源，同样也可以用于发电。和风能类似，太阳能同样存在受自然气候条件影响大的缺点。

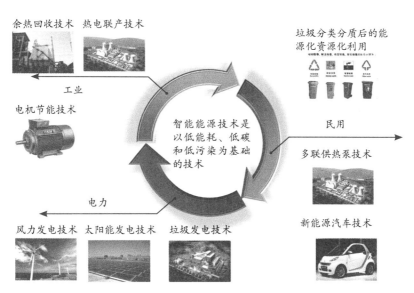

图1.6　智能能源网的新技术

合理分析各个具体实例中的光照强度和光照时间，使用太阳能发电作为辅助能源，协同风能构建可靠的能源系统，是优化过程中不可忽视的一个问题。另外，针对光伏发电效率相对较低的缺点，推行新型太阳能光热系统，提高太阳能的使用效率，也将是研究过程中考虑的问题之一。

（3）微型燃气轮机利用：燃气轮机具有高能效、低投入等特点，是用于产电的主要机械。传统的燃气轮机体型较大，燃气来源以传统能源为主。在微电网的构架中，将燃气轮机小型化，使其贴近用户端，就地取材，利用废弃物燃气和天然气的混合气发电，同时实现余热的回收利用，满足热能的需求，形成以微型燃气轮机为中心的热电联产系统是研究的核心内容之一。

（4）低品质地热/水热/空气热利用：以现在国际普遍关注的热泵技术为依托，以低品质的自然热源和人工收集热源为主要热量来源，实现对居民供暖、供冷以及提供生活热水的综合性供给系统，将是新能源技术的一个研究方向。

2）制度革新

以经济社会的可持续发展为目标，在运用先进的新技术、新工艺、新设备的同时，建立相应的激励机制和约束机制，制定与能源开发利用相关的法律法规，最终实现经济、社会和环境的和谐发展。技术的革新将引发更多的道德和法律问题，因此，智能能源网的发展，也将会带来一场道德伦理的革命。网络的可靠性和数据的安全性将成为影响智能能源网是否能够建成的两个重要因素。如果缺少必要的法律法规的支撑和保障，一旦发生国家机密、企业私有信息、个人隐私信息泄漏等问题，将会有灾难性的后果。所以，在智能能源网的构架和管理中，法律法规亟须做出调整，进一步规范网络行为和提高网络伦理道德的教育力度，将是精神文明建设中必不可少的一个环节。

3）可持续发展

在能源的开发利用过程中，应始终重视生态环境的保护，并不断完善能源的开发利用模式和激励约束机制，减缓能源瓶颈制约和生态环境压力，实现人类社会和自然的可持续发展。另外，伴随城镇化的步伐，如何真正实现人口的城镇化，让进城农业人口做到各尽其责，是社会发展必须解决的问题。当今社会，人口城镇化发展还很不完善，越来越多的农业人口涌入城市，突如其来的人口增长给城市的各个方面带来了相当大的考验。城市应对性不足导致在城镇化率逐年增高的同时，进城务工农业人口失业率增高，无法真正融入城镇生活。因此，如今的城镇化发展，缺乏人口可持续发展，距离真正可行的可持续发展还有相当长一段路要走。

因此，加强人口可持续发展是一项迫在眉睫的工作。智能能源网发展的介入，将对人口可持续发展起到积极的促进作用。该作用将体现在两个方面（如图1.7所示）：①利用智能能源网构建的综合性系统，带动新产业发展，保证新产业落地，解决人口城镇化问题；②以智能能源网发展为契机，带动城市配套基础设施建设，完善服务行业，为居民生活提供更加便利、完善、舒适的生活条件，满足人民群众日益提高的生活质量要求。

2. 智能能源网的支撑和保障作用

结合智能能源网的概念及其三个基本内涵的阐述，智能能源网将对我国能源生产和消费起到必要的支撑和保障作用，具体表现在如下几方面：

1）智能能源网对"人口城镇化"的保障

城镇化是现代化的必由之路，是转变发展方式、调整经济结构、扩大国

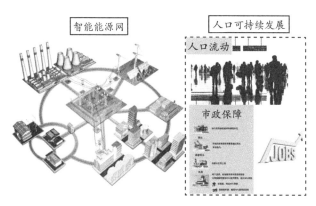

图1.7 智能能源网与人口可持续发展

内需求的战略重点，是解决农业农村农民问题、促进城乡区域协调发展、提高人民生活水平的重要途径。2016 年 4 月 19 日，国家发改委发布的《国家新型城镇化报告 2015》显示，1978—2014 年，我国城镇常住人口增加了 5.8 亿人，城市数量增加了 460 个，城市建成面积也从 1981 年的 0.7×10^4 km^2 增加到 2015 年的 4.9×10^4 km^2。2015 年，我国城镇人口总量达到 77 116 万人，城镇化率达到 56.1%，比世界平均水平高约 1.2 个百分点。

城镇化的本质可概括为四个字：农民进城。"人口城镇化"才是城镇化的本质含义。而如今，进城务工人员不断地在城市和农村之间流动，成为"两栖人"和"城市边缘人"，他们"进得来"城市，但是"留不下，过不好"。智能能源网的建设，可以为"人口城镇化"提供两方面保障：①产业保障。大力推进智能能源网建设，使新型能源产业落地，使务工人员得到稳定的就业机会，从而落实户籍政策，实现"留得下"；②基础设施保障。智能能源网就地取能，智能匹配当地用能需求，形成适合当地特色的高效、低碳、廉价的供能系统，逐渐实现"过得好"。

2）智能能源网对"加强城镇基础设施建设"的保障

新城镇的基础设施建设中，明确扩大了基础设施建设的范畴，并纳入了能源、交通及信息系统。智能能源网可以提供信息保障，建立智能监管平台，根据居民的具体情况，调节用能用水情况及为绿色交通提供支持。除此之外，城镇基础设施建设也多次强调加强节水节能建设。智能能源网所提倡的分布式能源系统，中水雨水回用系统及管网的优化设计，废弃物的智能化利用，都为居民提供了供水保障及供能保障。

3）分布式能源系统的支撑和保障

我国在用能和供能端，常出现如下问题：①用能高峰过度集中，导致中央能源网络在某个特定时段供能压力过大；②资源与负荷存在区域不平衡，导致供能输送沿程损失较大。相对于传统的中央能源系统，分布式能源是一种建在用户端的能源供应方式，是以资源、环境效益最大化为目标，来确定方式和容量的系统，是将用户的多种能源需求及资源配置状况进行系统整合优化，采用需求响应设计和模块化配置的新型能源系统。

分布式能源的使用已经受到世界范围内的普遍关注。英国提出"2050 能源网络路线图"，其中提及在 2020—2050 年，尽全力利用分布式能源满足能源需求。我国首批四个分布式能源试点也已投入建设，分别为：华电集团江苏泰州医药城楼宇型分布式能源站工程，项目规模 4 000 kW；中海油天津研发产业基地分布式能源项目，项目规模 4 358 kW；北京燃气中国石油科技创新基地能源中心项目，项目规模 13 312 kW；华电集团湖北武汉创意天地分布式能源站项目，项目规模 19 160 kW。

分布式能源系统的优点在于，其可以作为一个辅助的供能系统，在用能高峰期直接满足用户对多种梯级能源的需求，对中央能源供应系统提供支持和补充，从而为供能提供可靠性保障。另外，分布式能源在能源的输送和利用上分片布置，减少长距离输送能源的损失，有效地对能源利用提供安全性和灵活性的保障。

4）智能水网的保障作用

我国用水存在以下问题：① 2014 年省际人均用水量不均（如图 1.8 所示），旱涝灾害频繁；②水资源利用率低，污染严重；③城市地下用水管道漏水严重，经常出现部分城区停水现象。以上问题给用水端带来了巨大的挑战。

因此，智能水网的出现，可以为水资源的循环利用和安全可靠供水提供有力的保障：①智能水网可以解决水资源配置问题，提供最优供水方案，缓解区域不平衡问题；②智能水网可以科学管理管网布置，提升水网服务管理水平，从而提高对水网问题的反馈速度及降低水网出现故障的风险，从根本

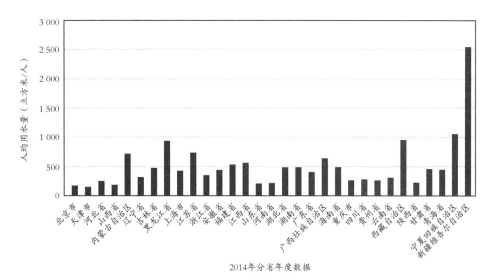

2014年分省年度数据

图1.8 2014年全国的用水现状[1]

上缓解停水危机；③智能水网可以推动新型水处理技术，进一步保证居民用水的安全可靠性。

5）对采暖供冷的保障和支撑

据统计，我国建筑用能约占全国能源消耗总量的1/4，建筑用能的增长速率甚至超出了工业、交通及农业等传统"耗能大户"。建筑能源消耗主要用于采暖、供冷、生活用热水、照明、家用电器、电梯等，而用于采暖、供冷与生活用热水的能耗又占整体能耗的60%~70%。高效环保地满足城市居民对冷／热的需求是城市生活品质提升的重要标志。

智能能源网的推进，将带来新型冷热供给技术的蓬勃发展，新型热泵就是其中之一。热泵技术已经得到了极大的肯定和发展。美国能源部和美国环境保护署已经确认，地源热泵系统是目前效率最高、对环境最有力的热水、采暖和制冷系统。在过去的10多年里，大约有30个国家的地源热泵年增长率达到了10%，其中美国和欧洲是地源热泵发展最快的国家和地区。推行以热泵为代表的新型冷热供给技术，一方面，可以降低对用传统能源（电、煤等）采暖供冷的依赖，使采暖供冷的环保性和资源节约性得到保障；另一方

[1] 国家统计局

面，相对于传统的冷热空调技术，新型技术更加贴近用户，从而使用户舒适度得到保障，响应政府"过得好"的倡导。

6）对绿色交通的促进作用

绿色交通是一个备受关注的研究重点。实现绿色交通主要依靠推行新型交通工具。新型交通工具使用可再生能源或清洁能源代替传统能源，从而达到清洁排放的标准。2016 年，全球新能源汽车销售量达到 77.4 万辆，而中国的纯电动汽车市场占有率已达到 64%，新能源汽车的总销量达到 35.1 万辆，超过美国和欧洲，跃居世界第一，比 2015 年的 20.7 万辆增加了 69%。照此速度，预计 2017 年中国的新能源汽车将突破 50 万辆。而美国 2016 年的新能源汽车年销售量也达到了 15.9 万辆，与 2015 年相比增长了 37%。新能源汽车的大规模发展，将有效改善交通带来的碳排放问题，实现绿色交通。将新能源乘用车推广到公交、出租系统，不但可以有效地带动地方服务性产业的发展，而且可以促进绿色交通的发展。

所以，智能能源网为进一步推动绿色交通提供了助力，原因如下：①智能能源网带动智能燃气网的发展，智能燃气网络提供分布式补气系统，可以为新型混合型燃气汽车提供燃气保障；②智能能源网推行的新型冷热联供系统，可以减少采暖供冷对于电力的需求，从而使一部分电力能够用于为交通工具提供动力，为电力汽车的发展提供电力保障。

第2章

iCity

城市智能电网

一、国内外城市电网发展现状

在现代城市电网的发展过程中，各国结合其电力工业发展的具体情况，通过不同领域的研究和实践，形成了各自的发展方向和技术路线，这反映出各国对未来城市电网发展模式的不同理解。在"智能电网"这一革命性电网发展理念的影响下，世界上各个国家或地区都根据自身电网的特点与需求来制定特异性的城市智能电网发展框架。相应地，主要研究机构与学术团体的研究方向也有所差别。

（一）美国

美国是世界上最大的能源生产、消费和进口国，城市电网建设比较成熟。在电力行业发电量中，燃煤发电量占 53%、核电占 21%、天然气发电占 15%、水电占 7%、油电占 3%、地热及其他占 1%。由于美国电网情况较复杂，又以私营为主，因而电压等级从 110 kV 到 765 kV 多达 8 级，交流输电最高电压为 765 kV。1969 年 5 月，第 1 条 765 kV 线路在美国电力公司的系统中投运。而与输电电压一样，配电电压趋向高压化，现在以 12 kV 和 13 kV 系统为主体，代替以往的 4kV 系统，另外还有 33 kV、34.5 kV 和 69 kV 电压等级的系统。家用配电方式一般采用一相三线的 120/240 V 供电。

在过去的几十年中，由于用电设备市场的饱和、设备效率的改进、对需求侧管理的投资及更严格的设备效率标准，美国的电力需求增长缓慢。办公设备及个人电脑用电需求的增长正逐渐填补供暖空调、制冷、热水及照明等方面用电需求的降低，而且这些新型的用电设备精密而脆弱，对城市的电能质量提出了更高的要求。

美国城市停电的原因多为故障停电，由于美国电气化程度很高，停电对城市的正常运行带来很大影响。自 2003 年美加大停电开始，美国城市电网的脆弱性逐渐暴露出来。由于美国电网大多数建设于几十年前，很多已经陈旧不堪，灾害天气造成的大面积停电年年发生，恢复也都非常缓慢，造成的经济损失无法估量。

美国智能电网建设更多的是开发智能电网架构，建立全面开放的技术体系，研究电网安全的稳定控制，利用 IT 技术实现对能源的有效利用和控制，建设更加安全稳定的可靠性电网。美国目前偏重于对配电网和用户侧的研究和控制。

美国的第一个智能电网城市是博尔德市（Boulder），其智能化实现顺序为：通过电力线宽带，创建一个城市电网范围内的高速双向通信网络；将变电站转换成能够远程、实时采集数据，通信和优化性能的"智能"变电站；应用户要求安装可编程的家庭控制装置和全自动化的、家庭能源使用所必需的系统；整合基础设施，以支持易于调度的分布式发电技术。

（二）欧洲

欧洲地域覆盖较广，气候、资源差异较大，导致各国电力发展不均衡。意大利、德国以火力发电为主，而挪威、丹麦在风力发电方面有成熟的经验，瑞典、法国的核能发电则占有相当大的比重。欧洲智能电网建设关注更多的是可再生能源与分布式电源，并希望以此带动整个行业发展模式的转变，可以说其研究重点在于城市智能电网的建设。

在意大利，电力不能自给自足是一个亟待解决的问题，其产生的电力可靠性问题给居民生活和城市生产带来了极大的影响。虽然电力进口占电力总消费的比率已从 2003 年前的 20.0% 降低到 2013 年的 13.4%，但由于化石能源的稀缺和国家战略要求，这个数值仍未降到电力需求的安全线以下。自 2003 年以来，意大利大力发展可再生能源发电，尤其是光伏发电的发展势头迅猛，但不合理的高补贴政策和低效率的管理体制，使用户参与电力市场的角色变得模糊，不合理的电价引起了居民反感。目前，意大利正积极进行电网改造，以期改变这种现状。

挪威是一个水力、石油和天然气等一次能源非常丰富的国家，有丰富的水电开发经验。除工业用电外，居民用电主要用于供暖，城市负荷比较集中，难以调节。挪威人均耗能略高于经济合作与发展组织 (OECD) 国家的平均水平，而其人均用电量则高于 OECD 的其他所有国家。2011 年，挪威人均生活用电量达到 7 152 千瓦时 / 年，美国同时期对应的数据为 4 560 千瓦时 / 年。由于能源价格的原因，自 1980 年以来，挪威净用电量不断提升，而其他能源的利用量则持续下降，所以挪威政府一直强调节能和提高能源利用率，并采取发布信息、培训及电税分类等措施和计划，以提高用电效率。

在西班牙，由恩德萨（ENDESA）电力公司牵头，与当地政府合作，在西班牙南部城市 Puerto Real 开展了智能城市项目试点，主要包括智能发电（分布式发电）、智能化电力交易、智能化计量和智能化家庭等项目。

荷兰首都阿姆斯特丹是欧洲第一个推出智能电网的城市。该城市的发展计划包括：可再生能源使用、下一代节能设备发展、削减 CO_2 排放量等内容。

（三）日本

日本在 20 世纪 50 年代开始进行配电网的研究与建设，电网基础设施条件较为完善，目前已将配电技术实用化并取得了明显的效果，配网侧自动化水平一直走在世界前列。

日本电网按照电压等级分为 500 kV、220 kV、66 kV、22 kV、6.6 kV 和 100 V 六级，其中后三级为配电网。全网按地区由九个供电公司提供电力服务，各个公司的具体情况不同。由于历史和自然的因素，他们在城市电网建设方面的侧重点也不一样。例如日本九州电力与东京电力公司都基本实现了中压馈线的自动化，但是，东京地区人口密度大，自然环境相对稳定，因此，东京电力公司强调设备的预防维护，在配电网建设中主要着眼于以设备安全性和可靠性的投入来提高供电质量。东京是电网智能化程度最高的城市。东京电网主要通过配电自动化技术来实现智能化技术，依靠建立起来的光纤通信网络，将城市电网拓扑结构变为环网，并逐步实现了实时量测与自动控制；通过开关把馈线分成很多区间，各区间安装联络开关，当某一区间发生故障时，通过远端遥控开关闭合来转移负荷，实现故障隔离，大幅度地缩短了故障后的供电恢复时间（如图 2.1 所示），使得快速供电恢复的用户量增加了 2.5 倍（与三分段线路相比），用户平均断电时间减少到先前的 1/10。而作为日本第四大电力公司的九州电力的配电网主要以架空线为主，地下电缆所占比例不到 4%。该公司认为，受地理限制，由自然灾害导致的线路故障在所难免，因此应该在事故后的故障处理和供电恢复上花工夫，推广配电自动化技术；在提高配电设备质量的同时，通过对配电网事故的故障隔离和供电恢复等自动管理，提高电网的供电质量。

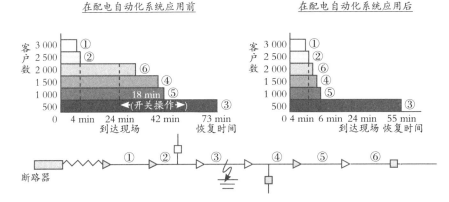

图 2.1　配电自动化缩短供电恢复时间示意

即便如此，由于经常受到台风、雷电、地震等自然灾害的影响，日本高压配电网事故仍频繁发生。2011 年 3 月，日本大地震引起福岛核电站一站全部损毁，震后东京电力公司面临着约 1×10^7 kW 的电力供应缺口，约占负荷需求的 26%；至 3 月月底，东京电力公司仍无法准确评估损毁程度及供电恢复时间，给居民生活和工业生产带来了严重的影响。因此，如何建设一个拥有强大的抗冲击能力和快速的自愈能力的城市电网，是日本亟待攻克的课题。

（四）东南亚

东南亚的电网建设起步较晚，多数东南亚国家在全网并没有一套全面、系统、可操作性强的标准，导致电网在规划设计、建设、运行及技术管理等方面存在较多问题。除了加快自身电网建设步伐以外，不少东南亚国家采取引进外资或国际合作的方式进行城市电网的规划与改造，其中较有代表性的是新加坡。

新加坡配电网用电负荷已趋于饱和，电网发展较为成熟，供电可靠率达到 99.999 7%，位于世界供电可靠性先进之列。新加坡配电网规划的理念是"经济、可靠、及时、迎合需求"，规划方法强调电网运行与维护的简洁性，网络拓展的灵活性和网络可靠性、安全性、经济性的综合考虑。

在城市各分区内，变电站每两回 22 kV 馈线构成环网，形成花瓣结构，称为梅花状供电模型。不同电源变电站的每两个环网中间又相互连接，组成花瓣式相切的形状。其网络接线实际上是由变电站间单联络和变电站内单联络组合而成。站间联络部分开环运行，站内联络部分闭环运行，而两个环网之间的联络处为最重要的负荷所在。

新加坡在 20 世纪 80 年代中期投运大型配电网的数据采集与监视控制系统（SCADA 系统），至 90 年代加以发展和完善，其规模从最初覆盖 22 kV 配电网的 1 330 个配电站，到目前已将网络管理功能扩展到 6.6 kV 配电网的约 4 000 个配电站。主站年度平均可用率为 99.985%。为了使故障恢复时间最小化，并有效地利用设施节省工时，新加坡电力公司将配电自动化系统发展到旗下的所有 22 个分公司，以应对城市电网所面临的新环境。

（五）其他国家

2001 年以前，韩国电力是一个融发、输、配业务于一体的国家控股电力公司。自 2001 年起，韩国开始改革电力体制，实行厂网分开，韩国电力转变成为电网运营商。自 2003 年起，逐步实现输配分开，结束地区电力垄断的局面，解除对输电网的管制。自 2009 年起，放开对配电网的管制，允许用户自主选择电力供应商。

在 20 世纪 60 年代，韩国输配电网综合线损很高，在 10% 以上（1961 年为 29.4%，其中配网损失 18.2%；1971 年为 11.4%，其中配网损失 5.6%）。随着城市用电负荷的增长，线损问题日益严重。线损高有电压等级低、设备效率差等技术原因，也有偷电、管理不善等非技术原因。

为减少线损，韩国电力一方面加强对用户用电的监管，对偷电者采取较严厉的惩罚措施；另一方面，采取电网升压、提高设备运行效率等技术措施。在采取了这些技术及管理措施后，韩国电网的线损逐年下降，在 2001 年综合线损已经降到 4.5%，其中配网损失 1.75%，效果显著。

澳大利亚城市电网建设与改造的直接动机来自政府对可再生能源发展的要求及能量利用效率提高的要求。在分布式发电方面，澳大利亚积累了很多宝贵经验。

以光伏发电为例，据有关数据统计，澳大利亚太阳能光伏组件（不含补贴）的成本约为 1.80 美元／瓦，相当于生产成本 29 美分／千瓦时；由于价格已经下降，光伏成本为 1.22 美元／瓦，相当于生产成本 25 美分／千瓦时。这标志着澳大利亚将成为世界上最早达到电网平价的国家之一——在屋顶太阳能电池板 25 年的使用寿命中，电能的成本将相当于零售电力成本。这种结果源于一系列因素：政府的慷慨激励政策开发了巨大的需求，继而影响到经济的规模；组件的价格暴跌，澳元升值；高涨的能源网络成本。最后，因为澳大利亚的日照条件已经超过其他任何发达国家——和世界上处于光伏领先地位的德国相比，同样的太阳能电池板可产生两倍于德国的电力。

然而，行业面临的新问题也逐渐凸现出来：在西澳大利亚州，布鲁姆和加拿芬城镇没有任何新安装；在昆士兰州的一些地区，屋顶系统有 1 kW 的限制，在其他地区有 1.5 kW 的限制；在一些上网电价补贴已大幅下降的地区，太阳能光伏发电已无法联网。由于市场以煤炭为基础，电网运营商没有让太阳能光伏发电上网的激励措施，而且屋顶太阳能板接入电网后产生的浮动电价问题也并没有很好地被解决，所以公众对太阳能光伏发电的接受程度并未达到理想的效果，只有近 1/10 的家庭安装了太阳能光伏设备。

（六）中国

从 2002 年电力体制改革方案形成电网垄断形势开始，中国电网建设工作便以国家电网公司和南方电网公司为主体。我国各级电网发展的协调推进在深度、广度和技术创新等各个方面都对我国城市配电网建设有了更高的要求。随着城市化率的进一步提高，城市电网发展方式的转变也将在更广范围、更深程度上影响人们的生活。

中国的城市电网建设虽然起步晚，但发展快，由于早期较多的精力投入在输电建设环节，配电网技术相对来说还并不成熟，且地区间发展不均衡，目前有很多问题值得探讨。

中低压配电设备利用率低是我国城市电网的普遍现象，统计显示，绝大多数城市配电设备的平均利用率在 30% 左右。设备利用率低造成了社会资金的巨大浪费，还增加了电力系统的运行维护费用。

中国针对分布式电源及微网并网问题的研究起步较晚，目前刚就分布式电源并网后给系统带来的影响等问题开展理论研究工作，但缺乏统一的协调组织和规划，国内与此相关的政策、法规及技术标准严重空缺。2013 年 8 月，全国分布式光伏上网补贴为 0.42 元 / 千瓦时，补贴 20 年。但分布式新能源发电并网标准远不如传统发电厂并网标准齐全和成熟，这在一定程度上制约了分布式发电的发展。

在中国，配电网是提高用户供电可靠性的瓶颈。调查表明，我国 10 kV 以下电网对用户停电时间的影响占 70%~80%。即使减去计划停电时间，我国大城市用户的年平均停电时间也大多在 1 个小时以上，多数为几小时，甚至更长。而在日本东京和新加坡，由于配电网的网络拓扑结构灵活和实现了配电自动化，其用户的年平均停电时间仅为 2~5 min（可靠性约为 99.999%，或称 5 个 9）；在电网出现一个主要元件故障后还可保证安全的条件下，峰荷时的线路载荷率可达 75%~85%，而在我国该值小于 50%。

随着用电设备数字化程度的日益提高，用电设备对电能质量越来越敏感，电能质量问题有可能导致自动化生产线的停运，造成重大的经济损失。我国城市电网的谐波污染问题比较严重，并呈现扩大化趋势，具有明显的地域性和渗透性等特点。暂态电能直流事件发生密度较高，其中 10 kV 低压配电网暂态电能质量问题占了很高比例。各类用户很少安装电能质量在线监测系统，普遍缺少主动提升电能质量的设备，但各产业和居民用户都对电能质量提出了更高的要求。

二、城市智能电网发展需求分析

纵观电力供应网络，在发、输、配、用电这几个环节中，电力公司长期以来一直把侧重点放在发电和输电系统上，并在许多方面已开展了大量的研发工作，使得其在可靠性和智能化方面远远高于配电和用电。但是，同发电和输电环节相比，配电、用电及电力公司和终端用户的合作等环节相对薄弱，严重影响了系统的整体性能和效率；同时，国内外城市电网发展中呈现出的一些急需解决的问题如供电可靠性、电能质量、分布式电源的接入和需求侧响应都集中于配电网。

针对目前城市电网存在的问题，未来城市智能电网应该具有的特征主要体现在如下几个方面。

（一）具有自愈能力

从美国、日本配电网事故的相关案例可见，未来的城市电网应该能够实时掌控电网运行状态，及时发现、快速诊断和消除隐患，并在事故发生后快速隔离故障、自我恢复，避免大面积停电的发生，即形成自愈的城市网络。

配电网的自愈能力是针对供电可靠性问题而提出的，供电可靠性反映电力系统在某一特定时期内对用户的连续供电能力。长期以来，我国供电公司一直将持续电压间断(一般只考虑持续时间 3 min 以上的电压间断)作为评价供电可靠性的指标，并以小时作为停电时间的计量单位。

供电可靠性是衡量电网供电持续性的重要指标，也是衡量供电企业在网络结构、设备装备、技术管理等方面水平的综合性指标。首先对中美两国的供电可靠性水平进行对比。

1. 美国

自 2003 年起, IEEE Benchmarking 开始统计美国(包括加拿大的南部地区)各地区供电企业的供电可靠率, 旨在为这些参与的供电企业评估供电持续性的相对水平提供参考。区域内有供电企业 90 家, 总计为 69 805 231 个用户提供电力支持。根据所供用户的数量来对供电企业进行分类, 其中, 用户数小于 10 万的供电企业属于小型供电企业, 用户数为 10 万到 100 万的供电企业为中型供电企业, 用户数大于 100 万的供电企业为大型供电企业。

美国（含加拿大南部地区）2003 年至 2011 年的供电可靠性指标如图 2.2 所示。统计指标包括城区、郊区和乡村。根据 IEEE 的分类标准, 城区每平方公里的用户数超过 93 户，郊区每平方公里的用户数为 31~93 户，乡村每平方公里的用户数小于 31 户。

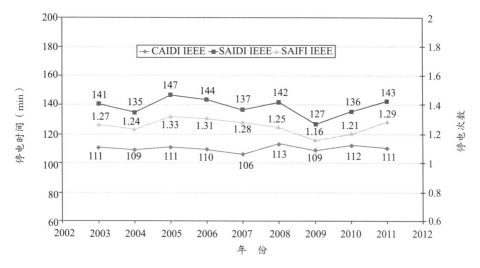

图 2.2　2003－2011 年美国（含加拿大南部地区）供电可靠性指标变化曲线

由图 2.2 可知，2003—2011 年，美国的用户年平均停电时间指标为 140 分钟 / 户左右，系统平均供电有效度为 99.973 4%。2011 年各供电企业用户年平均停电时间指标的分类情况如图 2.3 所示。

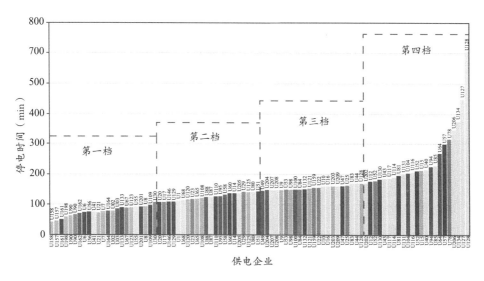

图 2.3　2011 年美国各供电企业的用户年平均停电时间分类情况

2．中国

表 2.1 列出了 2010 年国内部分省会城市供电可靠率的调查结果。

表 2.1　2010 年国内部分省会城市供电可靠率

序号	城市	供电可靠率(%)		平均停电时间(小时/户)	
		RS-1	RS-3	AIHC-1	AIHC-3
1	北京	99.978 0	99.978 0	1.931 3	1.931 3
2	石家庄	99.913 3	99.913 3	7.594 3	7.594 3
3	太原	99.897 3	99.904 7	8.998 5	8.349 6
4	天津	99.951 1	99.951 1	4.280 8	4.280 8
5	济南	99.962 3	99.962 3	3.302 7	3.302 7
6	呼和浩特	99.888 7	99.888 7	9.826 3	9.826 3
7	沈阳	99.935 6	99.935 6	5.644 7	5.644 7
8	长春	99.930 3	99.930 3	6.109 7	6.109 7
9	哈尔滨	99.941 3	99.941 3	5.139 8	5.139 8
10	南京	99.967 0	99.967 0	2.894 8	2.894 8
11	杭州	99.979 3	99.983 1	1.809 5	1.478 7
12	合肥	99.935 5	99.935 5	5.647 8	5.647 8
13	上海	99.981 2	99.981 2	1.646 8	1.646 8
14	福州	99.945 7	99.945 7	4.757 2	4.757 2
15	郑州	99.955 9	99.955 9	3.860 8	3.860 1
16	武汉	99.931 7	99.940 1	5.984 3	5.246 8
17	长沙	99.945 5	99.945 5	4.775 1	4.775 1
18	南昌	99.911 8	99.911 8	7.730 6	7.730 6
19	成都	99.912 2	99.912 2	7.688 2	7.688 2
20	重庆	99.918 9	99.922 0	7.102 6	6.828 5
21	西安	99.904 3	99.905 5	8.380 9	8.282 3
22	兰州	99.895 3	99.895 3	9.169 7	9.169 7

序号	城市	供电可靠率(%)		平均停电时间(小时/户)	
		RS-1	RS-3	AIHC-1	AIHC-3
23	西宁	99.825 5	99.825 5	15.288 9	15.288 9
24	银川	99.935 6	99.935 6	5.643 5	5.643 5
25	乌鲁木齐	99.919 1	99.919 1	7.087 9	7.087 9
26	广州	99.939 4	99.939 4	5.293 4	5.293 4
27	南宁	99.923 6	99.923 6	6.670 2	6.670 2
28	昆明	99.930 9	99.930 9	6.037	6.036 8
29	贵阳	99.822 5	99.822 5	15.503 6	15.503 6
30	海口	99.870 7	99.870 7	11.299 6	11.299 6

2010 年国内各区域农村用户平均停电时间的调查结果如图 2.4 所示。

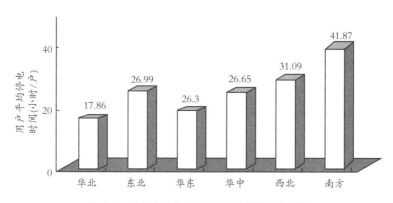

图 2.4 2010 国内各区域农村用户平均停电时间

据中国电力企业联合会电力可靠性管理中心统计，2011 年全国城市和农村供电可靠性指标的整体情况如表 2.2 所示。

表 2.2 2011 年全国城市和农村供电可靠性指标的整体情况

可靠性指标	市中心区	市中心区+市区	市中心区+市区+城镇	农村
总用户数（户）	256 770	948 571	1 412 383	5 210 898
线路总长度（km）	125 875	373 580	580 173	3 714 980

续 表

可靠性指标	市中心区	市中心区+市区	市中心区+市区+城镇	农村
架空线绝缘化率（%）	73.8	69.0	54.5	
线路电缆化率（%）	56.9	57.2	45.9	
配电变压器总台数（台）	295 865	1 101 365	1 626 540	5 547 451
配电变压器总容量（kV·A）	179 316 732	616 630 632	812 474 512	1 077 789 407
供电可靠率（%）	99.952	99.945	99.920	99.790
年平均停电时间（小时/户）	4.21	4.79	7.01	18.43
年平均停电次数（次/户）	0.807	0.907	1.220	4.069

由表 2.2 可知，2011 年中国城市（市中心区＋市区＋城镇）供电可靠率为 99.920%，用户年平均停电时间为 7.01 小时 / 户；农村供电可靠率为 99.790%，用户年平均停电时间为 18.43 小时 / 户，而美国同期全部用户的年平均停电时间仅为 2.33 小时 / 户。即使只考虑中国城市供电可靠率，中国的指标也与美国具有较大的差距。

与美国配电网停电只受故障影响不同，中国配电网的停电原因包括故障停电和预安排停电两个方面，而且预安排停电所占比重较高。表 2.3 列出的是 2011 年中国农村的停电分类情况。

表 2.3 2011 年中国农村停电分类结果

停电原因	次数	占总停电次数的百分比	停电时户数	占总停电时户数的百分比
故障停电	232 450	37.43%	23 425 127.14	25.73%
预安排停电（限电）	30 751	4.95%	4 353 718.35	4.60%
预安排停电（非限电）	357 773	57.62%	65 871 532.16	69.67%
停电合计	620 974	100%	94 550 378	100%

由表 2.3 可知，从停电原因上看，中国农村的停电中预安排停电的比例可以占到 62.56%。城市中预安排停电所占的比例与农村类似。

尽管我国城市的供电可靠性相比以往有了较大提高，但在过去几年中，我国城市用户年平均停电时间多在 10 h 以上，农村部分地区用户年平均停电时间高达 40 多个小时，而同期美国城乡用户的年均停电时间不到 2 h，欧洲发达国家在 1 h 左右，新加坡、日本则不到 10 min。国际上发达国家对供电可靠率的要求一般接近 99.99%（用户年平均停电时间不超过 1 h）。

为分析国内城市中压配电网的供电可靠性状况及其存在的问题，对部分城市的供电可靠性指标影响因素进行分解。以 2009 年广州城市电网为例，展示了各种因素对可靠性指标的影响程度（如图 2.5 所示）。

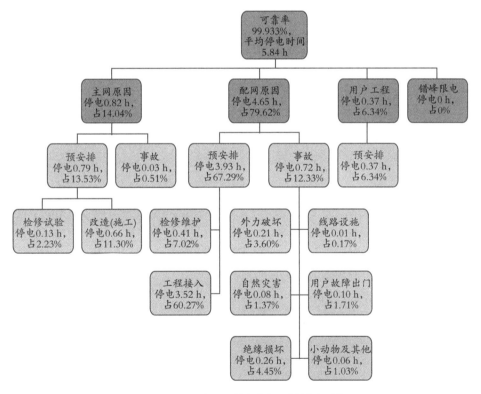

图 2.5   2009 年广州城市供电可靠性指标分解

通过对广州、佛山、深圳、贵阳、兴义等城市供电可靠性指标影响因素的分解分析，可以得到以下结论：

①从停电电压层级看，由配电网引起的停电占主要份额。

②在多数城市中，预安排停电对供电可靠性的影响非常大。例如，预安排停电时间占用户平均停电时间的比例，广州为87.05%，佛山为69.66%，深圳为52.10%，贵阳为83.21%，兴义为84.37%。2007年对全国364个城市的供电可靠性统计显示，预安排停电时间约占总停电时间的78%。

③在故障引起停电时，故障的查找、定位、隔离、修复及恢复供电环节缺少自动化手段支持，造成故障停电恢复时间长、供电可靠性低。

④在配网预安排停电中，转移非影响区段用户供电的操作时间较长，对供电可靠性影响较大。

通过对比发现，中国城市和农村的供电可靠性水平均低于美国，造成这一现象的原因主要有以下几个方面：

①预安排停电所占比重较大，约占全部停电的70%左右。需要通过对配电检修与施工等环节进行高效管理，对检修与施工工作进行统筹考虑，来大幅减少预安排停电的次数。

②配电设备状态信息获取不足，大部分地区仍执行周期式巡视，然后消除巡视过程中所发现的设备缺陷；少部分地区甚至没有开展配电设备的缺陷管理工作，进而导致无法获得实时、准确的设备状态信息。与此同时，配电设备的检修工作也比较粗糙，不能根据设备的健康状况来安排检修，更难以实现根据系统运行状态、以对系统造成的影响最低为目标来安排设备的检修计划。此外，对配电设备的检修和抢修工作没有实现标准化的管理，这也在一定程度上增加了用户的停电时间。

③配电网络接线受用户报装的影响较大，典型接线实现困难，结构相对薄弱。尤其是在发达地区，配电网接线过于复杂，一方面，线路的联络点数较多，故障时容易因为转供路径选择的困难而造成停电范围的扩大；另一方面，有效联络较少，存在因线路负载率偏高而造成的转供瓶颈。

④配电自动化系统尚处于规划或试点建设阶段，缺乏有效支持配电网故障定位、隔离和恢复供电的工具。当前试点工程虽然在智能化应用功能上做出了尝试，初步实现了分布式电源接入及配网智能预警等智能化功能，但与

配电网智能化应用需求尚存在差距。需要进一步深化研究智能化应用功能，开发智能自愈、快速仿真、全景可视化等应用软件。

⑤配电终端至今仍无法做到真正意义上的免维护，在智能化应用等方面还有待进一步改进。需要制定配电终端典型设计，规范终端设备电气接口、安装尺寸、功能配置等技术要求。在此基础上，对终端性能、功能进一步改进和完善，增强设备可靠性，满足"即插即用"和免维护的要求。研制具有配电监控、保护／计量、设备状态监测等功能高度集成的智能配电终端，以便于减少运维工作量，减少停电时间。

⑥配电设备资产的信息管理薄弱，没有一体化的配电信息平台，各业务部门所建立的信息系统之间缺乏统一的设备命名、编码规范、数据接口与共享机制，造成应用系统之间的信息对接困难，进而使得操作人员无法真实客观地了解配电设备状态。需要尽快制定统一的设备命名和编码规范，推行信息交互的标准化。另外，积极组织配电管理系统标准 IEC 61968 互操作试验，进一步提高配电自动化系统和相关系统的开放性和互动性，实现不同应用系统之间的"即插即用"。在此基础上，加强逻辑隔离、访问控制、认证加密等安全措施，对所有控制指令必须使用的、基于非对称密钥的单向认证加密技术进行安全防护。

⑦分布式电源接入会引起配电网络拓扑的变化，电动汽车充电将对配电网产生功率冲击，这些因素都会增加配电网运行管理的复杂性。因而需要进一步研究分布式电源和电动汽车充放电等对配电网运行产生的影响，实现对分布式电源及电动汽车充放电的运行监测与控制功能，研究相应的安全控制策略和实现手段，制定相关技术标准和规范，为今后大量分布式电源和充换电站的接入和控制做好技术储备。

除此之外，我国目前采用的低标准的供电可靠性指标只适用于受短时间停电影响不大的传统负荷。近年来，随着经济的发展，精密仪器和电子设备得到了广泛应用，这些设备对电压变化更加敏感，短时的供电中断或电压下降，往往会导致设备不能正常运行，甚至发生停机等事故，造成重大的经济损失。因此，在现代经济社会和电力负荷环境下，我国低标准的供电可靠性指标已不能适应时代的要求,必须重新加以定义。若要实现新型可靠性指标意义下的高可靠性供电,需要以更加先进的供电技术作为支撑手段,而赋予城市电网自愈能力是一个较为理想的方案。

如城市智能电网具备快速自愈的能力,就能够充分利用监测信息及决策支持算法,在线实时自我评估并预测电网状态,针对异常运行状态实现准确预警,以便提前采取措施,防止停电事故的发生;当系统出现故障时,能够快速准确定位、快速隔离故障区段及快速恢复非故障区域的供电,保证供电可靠性。同时,城市智能电网采用灵活的网络拓扑结构,也可以缩小预安排停电的范围,从而减少预安排停电的时间。

（二）能够提供更高质量的电能

不论是在美国这样的发达国家,还是在中国这样的发展中国家,随着用电设备数字化程度的日益提高,设备对电能质量越来越敏感,电能质量问题均有可能导致自动化生产线的停运,造成重大的经济损失。因此,能够满足21世纪用户的电能质量要求是城市智能电网的又一重要特征。电能质量是衡量电网供电质量和运行效率的重要指标。通过制定新的电能质量标准,对电能质量进行分级定价,实现从"标准"到"优质"的差异化服务,并通过柔性配电技术（Distribution Flexible AC Transmission System,DFACTS）、储能技术等手段实现电力定制,满足不同用户对电能质量水平的要求,是城市智能电网要达到的重要目标之一。

电能质量问题可以划分为稳态电能质量问题和暂态电能质量问题。稳态电能质量问题包括谐波、间谐波、三相不平衡、电压波动与闪变等,而暂态电能质量问题包括电压暂降、电压暂升、电压短时中断、瞬态过电压、梯形电压变化、相位跳变等。以下针对中美两国的电能质量进行对比。

1. 美国

1990—1995 年,先后由加拿大国家电力实验室（National Power Laboratory,NPL）、加拿大电力联合会（Canadian Electrical Association,CEA）和美国电力科学研究院（Electric Power Reaearch Institute,EPRI）主持进行了 3 次北美范围内的全面电能质量水平调查。调查对象既包括稳态电能质量,如供电中断、电压偏差、电压总谐波畸变率和电压波动与闪变等，又包括暂态电能质量，如瞬时断电、电压骤降、电压骤升和电压脉冲等。

CEA 主持的加拿大电能质量调查从 1991 年持续到 1994 年，共有 22 家电力公司参与，对 550 多个电力用户（包括工业、商业和居民）的电能质量进行了监测。监测点大多在用户用电入口处，约 10% 的监测点同时监测配电站出口电压。每个监测点的监测时间是 1 个月。表 2.4 给出了配电站及各类用户的电能质量扰动的具体指标。

表 2.4　不同监测点每月发生各种扰动的次数[1]

扰动类别	配电站（次）		工业用户（次）		商业用户（次）		居民用户（次）	
	平均	最大	平均	最大	平均	最大	平均	最大
电压脉冲	10	169	44	809	153	2 764	213	4 187
电压骤降	3	51	28	811	5	171	35	2 924
电压骤升	68	866	73	729	144	3 237	122	2 347
THD*超标	0	2	2	27	4	75	2	29
供电中断	1	22	0	3	0	8	0	7

* THD（Total Harmonic Distortion）为谐波失真程度指标。

EPRI 主持的电能质量调查包含了美国 24 个电力公司的 277 个主要馈线监测点，监测地点包括乡村、郊区和城区，监测对象有工业、商业和居民用户。调查从 1993 年持续到 1995 年，共获得了 670 余万组数据。电压骤降和瞬时断电的统计数据如表 2.5 所示。

表 2.5　监测点年平均出现瞬时断电和电压骤降的次数[2]

扰动类型	配电站（次）	馈线（次）
瞬时断电（U<10%）	3.65	5.08
电压骤降（10%<U<90%）	43.60	46.22

[1] CEA
[2] EPRI

2. 中国

广州供电局 2009 年度稳态、暂态电能质量技术指标统计结果分别如表 2.6 和表 2.7 所示。其中，有效统计 139 个监测点，涵盖 23 个变电站、139 台电能质量监测终端。

表 2.6　广州供电局 2009 年度稳态电能质量技术指标统计（单位：%）

	110 kV	10 kV	综合
电压合格率	97.82	92.00	94.50
谐波电压合格率	99.29	86.04	91.74
频率合格率	99.81	99.81	99.81
电压不平衡度合格率	99.94	99.98	99.96
电压闪变合格率	97.00	99.13	98.21

注：①各电压等级的合格率是该电压等级所有监测点合格率的平均值；②综合合格率是所有监测点合格率的平均值。

表 2.7　广州供电局 2009 年度暂态电能质量技术指标统计

	110 kV	10 kV	综合
监测到暂态事件的变电站监测点数量比例	5.8%	23.7%	29.5%
暂态事件次数	133	6 387	6 520
电压骤降次数	98	541	639
电压短时中断次数	22	175	197
电压骤升次数	13	5 671	5 684

对于稳态电能质量中的谐波污染问题，在 2008—2009 年，采用抽样的方式对广东制造业中心——东莞地区的典型重要污染谐波源进行了大量的谐波实地测量。依据下列方式进行东莞谐波监测点分类和选取：（a）重工业／重污染类型监测点，如钢厂业、冶炼业、电气化铁道等；（b）其他工业监测点，如造纸、电解电镀、化工、电子、金属加工、变频设备相关工业等；（c）工作、生活监测点，如智能化楼宇系统（电梯、各类变频电器等）、电信局、计算中心（电力电子设备）等。这一实地监测范围后来扩大到 8 个镇，2 个区，

对共计 131 个企业、247 个配电变压器进行了实地监测，并在此基础上进行了相关的科学评估和研究工作。监测统计结果显示：

①目前，东莞谐波污染呈现全面扩散的趋势，以造纸、电子、化工塑胶、金属冶炼加工、水泥建材等行业的谐波污染最为严重，造纸业有超过 60% 的配电变压器（配变）的谐波电流总畸变率超过 10%；金属冶炼加工业、市政商业生活类的负荷，也有超过 40% 的配变监测到其谐波电流总畸变率超过 10%；电子、化工塑胶、水泥建材等行业的谐波污染也非常严重。

②谐波源用户缺少对谐波的主动治理。从对监测点的初步调查来看，东莞市的 10 kV 用户很少认识到谐波的危害。只有极少数企业因为谐波污染过于严重，导致生产不能正常运行，才被动地安装了谐波抑制装置。比如华容电子厂，在安装某配变后，由于谐波严重无法正常生产，才安装了无源滤波器；由于无源滤波器的安装容量偏小，谐波仍然严重，但已经不影响生产。

③当前的污染主要以 3、5、7 次谐波污染为主，其中 5 次谐波污染最为严重，3 次谐波污染正在增多。此外，11、13 次谐波的污染也需要引起注意。

3 次谐波来源于集中的单相非线性负荷或大型单相设备。目前的单相设备普遍采用电子设备，即使是传统的电灯也大量使用节能灯；以计算机、变频空调、节能灯为代表的单相设备的大量使用，使得在目前的单相用电设备中，传统的电阻、电感性负荷类的线性负荷的比例大幅下降。这些现代单相设备的谐波电流的主要特征谐波是 3、5、7、9 次等奇数次谐波，其中 3 次谐波含量最大，一般来说均超过 60%。在一些以单相设备为主的企业、公司、办公楼中，存在大量的 3 次谐波电流。

随着对能耗的日益重视及变频器对电机性能的提升，企业内变频器的应用日益广泛，这是 5、7 次谐波产生的主要原因。由于趋利性，企业购买的变频器几乎都是价格低廉、谐波污染较大的低档次产品，这些产品为了节约成本，其输入端几乎没有采取任何的谐波处理措施，电源部分是简单的 6 脉动整流，因此谐波电流的特征分量是 $6n\pm1$ 次，这是造成 5、7 次谐波污染的根本原因。此外，为进一步降低成本，整流桥之后都直接接大电容或者串联小电感，这是 5 次谐波电流含量大大超过 7 次谐波电流含量的主要原因。

相对于稳态电能质量问题，人们对暂态电能质量问题的研究起步较晚，国内学术界对该领域刚刚有所认识。暂态电能质量问题是稳态电能质量问题的延伸，影响范围较小，但后果却非常严重。

当代电力系统的负荷结构已发生了很大的变化，按照普通负荷、敏感负荷和严格负荷三类进行划分时，后两种负荷对电网供电电压质量都有着严格的要求。许多新设备和装置都带有基于微处理机的数字控制器或功率电子器件，它们对各种电磁干扰都极为敏感，细微的电压扰动或特性变化都可能影响到其电子控制系统的正常工作。因此，暂态电能质量问题目前已成为国际上各方面关注的焦点，其中电压暂升、暂降和短时中断引起的危害是最严重的。根据有关国际会议报告中的统计数据，在美国每年由于暂态电能质量下降所引起的经济损失高达数百亿美元。在欧洲，暂态电能质量问题引起的投诉占电能质量问题投诉的80%以上。由此可见，暂态电能质量问题已逐渐成为电能质量问题的突出问题。

对用电方而言，国际铜业协会对中国电能质量问题的调研表明，随着政治和经济的发展，数据处理中心、体育场馆、医院、广播电视、电信、金融、网络、铁路、智能建筑等领域对电能质量的敏感度非常高；目前，制造领域中，石油化工、纺织、食品制造、制药、烟草、电子等行业正在快速发展，也逐渐成为对电能质量问题高度敏感的行业。2005年，对32个行业的92家企业的电能质量调查发现，有65家企业受到电能质量的影响，其中有具体损失数额的企业有49家，达到总样本的53%（如图2.6所示）。经初步评估，49家企业的经济损失为2.5亿~3.5亿元。这说明目前我国企业因电能质量问题造成的直接经济损失很大，受损企业数量多。

电能质量问题造成损失，47%

电能质量问题没有造成损失，53%

图2.6　电能质量问题造成损失的企业比例

这些遭受经济损失的企业分布于不同的行业，包括造纸业、纺织业、铝业、烟草、橡胶、电子制造业、食品制造业、制酒业、高层建筑和石油化工业等，具体情况如表2.8所示。

表 2.8　部分行业每年由于电能质量问题造成的经济损失情况

行业	受损企业数（按损失程度）				企业总数（家）
	10万元以下	10万~100万元	100万~1 000万元	>1 000万元	
造纸业	0	0	1	0	1
纺织业	1	1	0	0	2
铝业	1	1	0	1	3
玻璃制造	0	1	0	1	2
烟草	1	1	1	0	4
橡胶	0	1	1	0	2
电子制造业	0	1	4	0	8
食品制造业	1	1	0	0	3
制酒业	2	0	0	0	3
高层建筑	2	6	0	0	12
石油化工业	0	4	0	1	8
医药制造业	0	1	0	0	2
印刷业	1	0	0	0	2
交通运输业	0	2	0	0	4
通信业	0	1	0	0	2
计算机业	0	0	1	0	2
航空工业	0	1	0	0	2
医院	1	2	0	0	7

　　供电企业也开始重视电能质量问题。北京、上海、广州、深圳等大型城市正纷纷建设各种在线电能质量监控系统。针对宝钢对电网电能质量的影响，上海装设了包括数百个电能质量终端的在线式电能质量系统；2001 年，上海由地方人大授权设立的节能监测中心将电能质量作为日常监控内容，这在全国尚属首例。广州和深圳目前也分别建设了 500 多个电能质量终端的在

线式电能质量监测系统，密切关注各级电网的电能质量情况。

综合各方面的统计数据和调研可知：

①我国珠三角工业制造业中心广州、东莞、深圳、佛山等的 110 kV 和 10 kV 电网仍然存在较严重的谐波问题，并呈现扩大化趋势，具有明显的地域性和渗透性等特点。

②暂态电能直流事件发生密度较高，其中 10 kV 低压配电网暂态电能质量问题占了很高比例（如广州供电局 2008 年共检测到 6 520 次暂态事件，其中，10 kV 电网共发生 6 387 次暂态事件，占 98.0%）。

③各类用户很少安装电能质量在线监测系统，普遍缺少主动提升电能质量的设备，但各产业和居民用户都提出了更高的电能质量要求。

（三）支持分布式电源的大量接入

分布式发电是指利用各种可用的、分散存在的能源，包括可再生能源（太阳能、生物质能源、小型风能、小型水能、波浪能等）和本地可方便获取的化石类燃料（主要指天然气）进行发电供能，是分布式资源的高效清洁利用方式。

随着全球能源领域竞争的加剧，世界各国日益重视自身能源可持续发展战略的实施。作为这一战略的核心技术之一，分布式发电技术的研究日益受到各国关注。随着世界各国在相关领域的投资不断加大，分布式发电技术得到了迅速发展，发电成本越来越低，尤其是风力发电、太阳能发电和采用燃气机组的冷／热／电联供（Combined Cooling Heating and Power，CCHP）系统发电，其经济性几乎可以与传统的发电方式相抗衡。分布式发电是提高可再生能源利用水平，解决当今世界能源短缺和环境污染问题的重要途径。

分布式电源并网运行可提高分布式供电系统的供能质量，有助于可再生能源的高效利用，对分布式发电技术的大规模应用具有重要意义。分布式发电与大容量集中式发电相结合，可以有效减少大规模互连电网存在的安全隐患，提高配电网供电可靠性；而且在用电高峰期时，可以减轻电网的负担，缓解用电矛盾。对分布式电源用户多余的电能进行收购，可以提高可再生能源或清洁能源的能源利用效率。

　　微网是指由分布式电源，储能装置，能量变换装置，相关负荷和监控、保护装置汇集而成的小型发配电系统（如图 2.7 所示），是一个能够实现自我控制、保护和管理的自治系统。它既可以与大电网并网运行，也可以孤立运行。现有研究和实践已表明，将分布式发电系统以微网的形式接入大电网并网运行，与大电网互为支撑，是发挥分布式发电供能系统效能的最有效方式。

　　微网是智能配电网的重要组成部分。微网的灵活运行模式大大提高了负荷侧的供电可靠性。同时，微网通过单点接入电网，可以减少大量小功率分布式电源接入电网后对电网的影响。另外，微网将分散的不同类型的分布式电源组合起来供电，能够使分布式电源获得更高的利用效率。未来配电网络中必将包含众多的微网，其关键技术研究水平将成为决定分布式发电供能技术能否投入大规模工业化应用的关键。

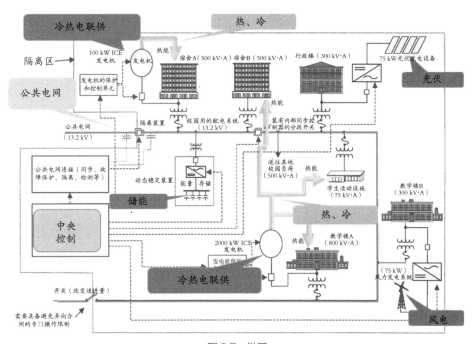

图 2.7　微网

以美国的分布式电源安装状况为例来说明城市智能电网对应的发展需求及趋势。截至 2012 年年底，美国累计安装的分布式风力发电机组容量超过 812 MW，机组安装遍布 50 个州，台数超过 69 000 台（如图 2.8 所示）。分布式风电机组安装数量超过风电机组总安装数量的 68%，其中小容量（容量小于 100 kW）机组的数量占绝大多数。2012 年的分布式风力发电机组安装容量比 2011 年增加了 62%，其中小容量机组数量较 2011 年有较大下降，中等容量和大规模容量机组数量有所增加。2012 年安装的机组有 72% 用于偏远地区家庭、远方通信设备、远方电力和供水，以及军事设施的供电。

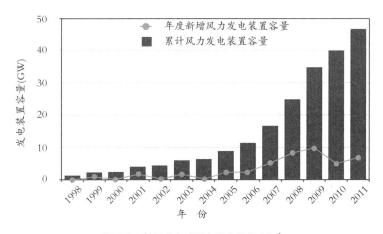

图 2.8　美国分布式风力发电机组容量[1]

并网型分布式风电与配电网络相连。66% 的并网型分布式风电系统安装于公寓、农场、学校和商业等用户端，采用网络计量和计费方式。由于中等容量和大规模容量机组数量的增加，并网型分布式风电系统的数量和容量均有所增加。2012 年并网型分布式风电机组平均容量（47 kW）比 2011 年（11 kW）增加超过 300%（如图 2.9 所示）。

2015 年美国有 40 个州安装了分布式风电机组，各州分布式风电累计装机容量分布如图 2.10 所示，其中德克萨斯州、明尼苏达州和加利福尼亚州位居前 3 位。

---

[1] www1.eere.energy.gov

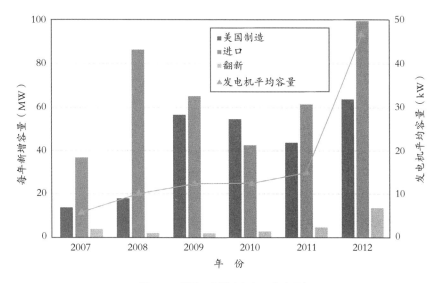

图 2.9 美国风力发电机组平均容量[1]

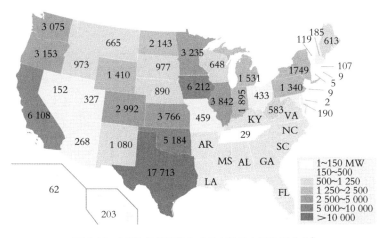

图 2.10 2015 年美国分布式风电装机容量各州分布[2]

2011—2012 年美国光伏发电累计和新增安装容量如图 2.11 所示。其中，加利福尼亚州和德克萨斯州是光伏发电增长最快的两个州。加快光伏发电发展的原因主要来自两方面：①一些州的可再生能源配额制度通过采取太阳能发电储备等鼓励政策，支持投资太阳能光伏发电行业；②光伏发电建设成本

---

[1] www1.eere.energy.gov
[2] 维基百科

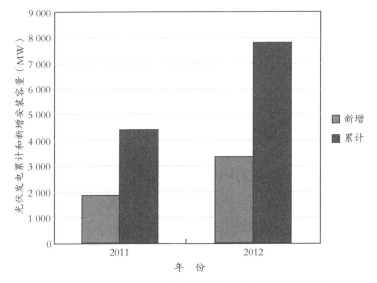

图 2.11　2011—2012 年美国光伏发电累计和新增安装容量[1]

持续下降。

在我国，相关的可再生能源的发展已经得到了广泛的重视。近年来，在《中华人民共和国可再生能源法》及国家一系列政策的推动下，风电装机容量迅速增长，风电装备制造业也快速发展，产业体系已逐步形成，风电发展取得明显进展。据中国风能协会统计，2014 年中国新增风电机组装机容量23.2 GW，累计风电机组装机容量 114.6 GW，均位居世界第一。风电已超过核电，成为继煤电和水电之后的中国第三大主力电源。图 2.12 为 2008—2014年中国风电装机容量发展情况。

就分布式电源而言，我国的分布式风电一般采用风力发电与太阳能发电、柴油机发电等组合式发电系统，即风光、风油和风光油互补发电，主要服务对象为无电或缺电地区的广大农、牧、渔民，以及移动通信边远基站。此外，小型风电机组在道路、草坪、公园、别墅等地方被作为一种景观而安装应用。

中国国家电网公司在 2013 年 2 月发布的《关于做好分布式电源并网服务工作的意见》（以下简称《意见》）中确定分布式电源（含风电）的适用范围为：位于用户附近，所发电能就地利用，以 10 kV 及以下电压等级接入电网，

---

[1] www1.eere.energy.gov

且单个并网点总装机容量不超过 6 MW。通过发布该《意见》，中国国家电网公司承诺为单个并网点总装机容量不超过 6 MW 的新能源分布式发电项目提供免费并网服务。

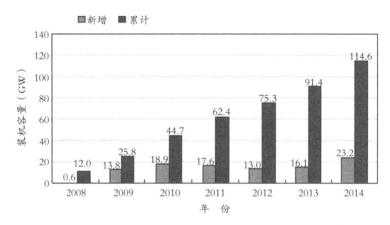

图 2.12　2008 － 2014 年中国新增和累计装机容量皮书数据库[1]

目前，中国的分布式风电装机容量为 480 MW，占风电装机总容量的 0.8%。中国的分布式发电并网规划目标为，2015 年 500 MW，2020 年 15 000 MW。

自《中华人民共和国可再生能源法》实施以来，中国政府相继出台了《太阳能光电建筑应用财政补助资金管理暂行方法》和《关于实施金太阳示范工程的通知》等政策，并先后启动了两批总计 290 MW 的光伏电站特许权招标项目。截至 2015 年年底，中国累计光伏装机容量达到 43 GW，2015 年新增装机容量达到 15 GW。图 2.13 为 2007—2015 年中国光伏发电累计和新增安装容量。

2010 年，中国国家电网公司发布的《分布式电源接入电网技术规定》规定了新建和扩建分布式电源接入电网运行应遵循的一般原则和技术要求。

由以上所述可知，分布式电源与微网技术将是解决当前环境保护、能源利用率、供电可靠性等方面存在诸多问题的良好途径。然而，分布式电源并网的关键技术问题还未得到很好的解决。当大量的分布式电源集成到大电网中时，多数是直接接入各级配电网，使得电网自上而下都成了支路上潮流可双向流动

[1] 郭雯 . 2016. 风能产业发展现状及对策 // 洪京一 . 2016 工业和信息化蓝皮书——战略性新兴产业（2016—2016）. 北京：社科文献出版社 .

的电力交换系统，但目前的配电网络是按单向潮流设计的，不具备有效集成大量分布式电源的技术潜能，难以处理分布式电源的不确定性和间歇性，并难以确保电网的可靠性和安全性。另外，分布式电源的接入仍需一定的政策支持。

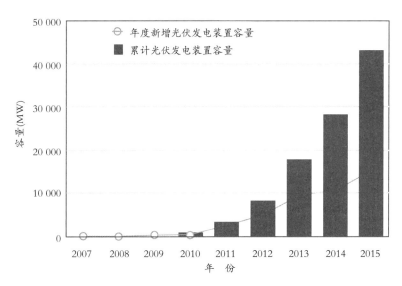

图 2.13　2007—2015 年中国光伏发电累计和新增安装容量[1]

　　智能电网的核心在于构建具备智能判断与自适应调节能力的多种能源统一入网和分布式管理的智能化网络系统。在城市智能电网中，如何安全可靠地接入大量分布式电源是其面临的一大挑战。原有电力系统的互联技术标准主要是针对大型集中发电和中央控制调度的模式而制定的，不适用于小容量分布式电源的低电压等级接入情况。20 世纪末，英、美、日等国家开始对分布式发电的并网技术问题开展研究，在分布式电源研究、开发及应用方面处于领先地位。他们的许多发电设备制造公司与电力公司联手，进行了分布式电源技术的商业化试验，在商业化推广方面积累了丰富的经验。同时，各国陆续制定了自己的法律法规、指导方针和标准等。例如美国的 EPRI 和能源部（DOE）等官方机构成立了研究分布式电源的部门，通过对分布式电源并网后对电力系统的影响进行分析，为分布式电源的研究和应用提供了指导。国际

---

[1] 国际能源署（International Energy Agency，IEA），http://www.iea.org/

电气电子工程师学会（IEEE）也研究和制定了分布式电源接入系统的相关准则，即 IEEE 1547 标准。英国也颁布了分布式电源接入系统的 G59/1、G83/1 及 G75 标准。我国在这方面相对落后，虽然已经建立起一批微网试点，但与此相关的政策、法规及技术标准几乎空白，还有相当长一段路需要走。

我国虽已成为太阳能电池的制造大国，但还是使用小国，85% 以上的产品用于出口，内需迟迟不能打开，光伏发电占社会用电总量的比例小于0.1%。而其中的关键原因，就是光伏发电并网难。现在的光伏电站多以集约式建在偏远地区，未来在城市中发展光伏一体化建筑分布式发电时，面临的问题会更加严峻。

分布式电源及微网并网对电力市场的走向和格局将产生深远影响，电力公司和用户间将形成新型关系。分布式发电和微网也为其他行业（如天然气公司）进入电力市场打开了方便之门，未来电力市场的竞争将更加激烈。因此，加强分布式电源的大量接入将是今后我国城市智能电网发展的重要方向。

（四）优化配电管理

建设城市智能电网的一个原动力是我国目前的配电资产利用率较低。美国的发电和配电设备资产利用率情况如图 2.14 所示。

由图 2.14 可知，美国的配电资产全年平均载荷率不足 43%，载荷率在75% 以上的时段不足 5%。

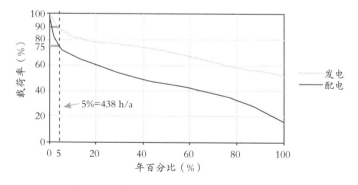

图 2.14 美国发电和配电设备资产利用率情况[1]

---

[1] EIA（U.S. Energy Information Administration），www.eia.gov

为分析国内城市中压配电网的主要设备利用率状况，对 2009 年中国部分城市中压配电网 10 kV 线路、配变的全年平均利用率进行了抽样调查，结果详见表 2.9。

表 2.9　2009 年中国部分城市 10 kV 主设备全年平均利用率抽样调查结果

城市	全年平均利用率（%）		城市	全年平均利用率（%）	
	线路	配变		线路	配变
贵州安顺	26.08	22.32	山东青岛	21.74	19.82
吉林白城	20.81	20.40	海南三亚	39.18	30.04
内蒙古包头	38.61	29.90	广东汕头	28.20	24.76
贵州毕节	30.18	25.17	广东韶关	29.35	21.54
河北沧州	22.64	19.46	广东深圳	34.63	29.08
辽宁朝阳	21.99	17.76	辽宁沈阳	26.35	20.28
广东东莞	30.19	22.90	山东泰安	19.63	19.27
北京丰台	21.93	21.85	天津	30.88	21.82
山东枣庄	28.13	20.10	山东潍坊	26.27	21.86
广东广州	35.79	29.77	新疆乌鲁木齐	26.40	20.82
贵州贵阳	22.95	18.05	江苏无锡	27.68	21.26
黑龙江哈尔滨	32.98	27.94	陕西西安	22.06	22.33
河北邯郸	32.91	23.76	河南新乡	27.18	20.31
内蒙古呼和浩特	30.40	24.46	山东烟台	28.83	20.07
山东济南	22.22	18.38	江苏盐城	28.15	21.09
新疆库尔勒	28.55	22.53	宁夏银川	24.05	17.97
云南昆明	31.43	29.23	西藏拉萨	27.42	21.12
山东莱芜	28.22	21.05	广东镇江	19.45	14.68
江苏南京	28.72	22.60	河南郑州	28.83	21.94
黑龙江齐齐哈尔	29.02	22.87	河南周口	23.83	23.10

注：①平均利用率＝设备实际负载率按运行时间积分／总时间×100%。表中数据对抽样统计设备取平均值（未考虑设备容量加权），下同。②对于多段馈线，计算利用率时只计其首段馈线的载荷功率，下同。

由表 2.9 可以看出，线路、配变等配网主设备大部分时间都处于低负荷运行状态，设备利用率很低。所调查的 40 个城市中，共有 29 个城市线路的全年平均利用率为 10%~30%，占 72.5%；共有 39 个城市配变的全年平均利用率为 10%~30%，占 97.5%。

中低压设备利用率低是我国城市电网的普遍现象。统计显示，绝大多数城市配电设备的平均利用率在 30% 左右。设备利用率低下造成了社会资金的巨大浪费，同时加大了电力系统的运行维护费用。

分析造成这种现象的原因，主要有两个方面：①电网的负荷需求均存在明显的峰谷差，而电网的规划、设计和建设必须要能够满足全年高峰负荷的要求。输（配）电线路所供负荷间的不同时性，进一步降低了线路的年均负载率。②我国大部分城市正处于快速发展阶段，为应对负荷的快速增长，电网建设往往需要考虑较大的容量裕度，造成近期设备的利用率进一步降低。

表 2.10 给出了 2009 年中国部分城市电网 10 kV 线路、配变在全年最大负荷时刻（简称全年峰荷时刻）的平均负载率情况。

表 2.10　2009 年中国部分城市 10 kV 主设备峰荷时刻平均负载率调查结果

城市	峰荷时刻平均负载率（%）		城市	峰荷时刻平均负载率（%）	
	线路	配变		线路	配变
贵州安顺	38.23	34.18	山东青岛	34.13	36.18
吉林白城	34.59	33.72	海南三亚	41.16	49.35
内蒙古包头	51.57	37.89	广东汕头	33.96	30.12
贵州毕节	65.30	58.67	广东韶关	31.34	47.77
河北沧州	35.98	31.00	广东深圳	38.23	38.79
辽宁朝阳	31.57	22.16	辽宁沈阳	31.12	29.89
广东东莞	44.66	44.40	山东泰安	33.38	18.99
北京丰台	33.35	35.01	天津	43.87	38.76
山东枣庄	56.87	39.46	山东潍坊	42.75	35.95
广东广州	44.08	40.14	新疆乌鲁木齐	30.38	34.09

续 表

城市	峰荷时刻平均负载率（%）		城市	峰荷时刻平均负载率（%）	
	线路	配变		线路	配变
贵州贵阳	42.58	35.92	江苏无锡	38.11	36.23
黑龙江哈尔滨	44.00	35.40	陕西西安	39.89	25.29
河北邯郸	48.80	41.17	河南新乡	36.80	29.18
内蒙古呼和浩特	49.49	48.55	山东烟台	40.21	41.59
山东济南	40.21	32.59	江苏盐城	35.87	25.76
新疆库尔勒	41.34	38.34	宁夏银川	37.13	32.58
云南昆明	38.95	51.03	西藏拉萨	57.59	36.72
山东莱芜	45.47	34.01	广东镇江	37.61	23.34
江苏南京	39.23	37.23	河南郑州	42.00	23.40
黑龙江齐齐哈尔	40.00	30.10	河南周口	25.65	30.49

由表 2.10 可知，整个城市（或地区）的中压配电（10 kV）线路在电网全年最大负荷时刻的负载率平均值（以下简称 10 kV 线路峰荷时刻平均负载率）和全部配电变压器负载率的平均值（以下简称 10 kV 配变峰荷时刻平均负载率）依然不高。在统计的 40 个城市中，有 36 个城市的 10 kV 线路峰荷时刻平均负载率在 50% 以下，22 个在 40%（含）以下。从 10 kV 配变峰荷时刻平均负载率来看，40 个城市中有 38 个在 50% 以下，31 个在 40% 以下，8 个低于 30%。因此可以推断，国内多数城市中压配电网的主设备在大部分时间都处于低负荷运行状态，设备的利用率过低。

造成 10 kV 电网设备在高峰负荷时负载率低于 50% 的主要技术原因是配电网监测与控制（配网自动化）水平较低。对于开环运行的 10 kV 配电网，必须保证一回线路出现故障时，能通过分段开关隔离故障点，并将其后的负荷转移到其他与之有联络的馈线上。为此，每回馈线在最大负荷水平下还必须为其他馈线保留一定的转供能力。但这部分保留裕度需要有多大则取决于能有几回馈线参与转供。目前的 10 kV 配电网缺少必要的监测、保护和开关远程操控手段，对故障点的判断、隔离和负荷的转供操作都需要人员到达现场手动完成，操作的难度和所消耗的时间阻碍了配电网线路间建立更多的联络；相应地，线路正常允许的最大负载率也被压制了（最常见的情形是，每回 10 kV 线路只有一回联络线路，那么为了相互转供的需要，每回线路的峰荷时刻负载率就必须被控制在 50% 以内）。

尽管如此，考虑到互相联络的两条或几条线路通常不会同时出现最大负荷，10 kV 线路的利用率仍然可以适当提高。表 2.11 以 2007 年湖州市城网为例，采用一种粗略的方式估测了各变电站 10 kV 线路间的同时率状况（用变电站年最大负荷除以其供电的所有 10 kV 线路各自的最大负荷之和来计算线路间的同时率）。

表 2.11 2007 年湖州城网各变电站 10 kV 线路间同时率调查结果

序号	变电站名称	变电站电压等级（kV）	容量组成（MV·A）	总容量（MV·A）	最大负荷		各线路最大负荷之和（MW）	线路间同时率（%）
					有功（MW）	无功（MVar）		
1	碧浪变	110	2×31.5	63.0	17.65	2.92	32.39	0.54
2	埭溪变	110	1×31.5	31.5	20.44	8.21	30.67	0.67
3	东郊变	110	2×31.5	63.0	27.59	8.94	57.57	0.48
4	横街变	110	1×40.0	40.0	21.49	11.83	33.55	0.64
5	华侨变	110	2×40.0	80.0	26.34	9.59	56.60	0.47
6	嘉业变	110	2×40.0	80.0	41.32	7.76	83.33	0.50
7	菱湖变	110	2×31.5	63.0	25.55	11.72	36.96	0.69
8	龙溪变	110	2×40.0	80.0	17.12	10.33	78.74	0.22
9	仁舍变	110	2×40.0	80.0	43.10	24.30	73.59	0.59
10	塘南变	110	1×40.0	40.0	25.18	2.45	28.09	0.90
11	双林变	110	2×31.5	63.0	25.00	7.50	67.46	0.37
12	闻波变	110	2×50.0	100.0	42.10	14.10	55.72	0.76
13	小元变	110	2×40.0	80.0	32.95	7.21	52.12	0.63
14	新华变	110	2×40.0	80.0	29.82	6.70	41.60	0.72

续 表

序号	变电站名称	变电站电压等级（kV）	容量组成（MV·A）	总容量（MV·A）	最大负荷		各线路最大负荷之和（MW）	线路间同时率（%）
					有功（MW）	无功（MVar）		
15	杨家埠变	110	2×40.0	80.0	19.98	2.21	46.07	0.43
16	姚湾变	110	1×40.0	40.0	18.08	6.36	27.38	0.66
17	织里变	110	2×40.0	80.0	35.18	12.85	86.84	0.41
18	重兆变	110	1×40.0	40.0	31.72	17.93	58.32	0.54
19	紫云变	110	2×40.0	80.0	37.19	9.21	62.77	0.59
—	平均	—	—	—	—	—	—	0.57

由表 2.11 可以看出，线路间的负荷同时率并不高。但是，由于缺少智能辅助决策支撑工具，难以有效地筛选、分析和处理海量的量测信息，目前，我国配电网的规划中只能忽视线路间的负荷同时率，按照每回线路的全年最大负荷进行"$N-1$"校验，从而导致 10 kV 线路负载率始终难以提高。配电变压器的情况与线路非常相似。

显然，只有加强配电网的自动化、信息化、智能化建设，才能支撑结构更加复杂、运行更加灵活的配电网的建设，从而从根本上克服上述障碍，提高配电网的资产利用率。特别要指出的是，配电网的资产占整个电网资产的一半以上（美国为 3/4），因此提高其资产利用率意义重大。

综合来看，城市智能电网提倡以配电信息化为基础，建立灵活的、可重构的配电网络拓扑，实现先进的计量体系，实施实时/分时电价和建设先进的配电自动化。这样，一方面可帮助愿意积极与电网互动的电力用户与电网合作，实现电力负荷曲线的削峰和填谷；另一方面，可通过灵活的配电网络拓扑结构和高级配电自动化，实现先进的电压无功控制、网络重构等动态优化策略。最终达到全面提高配电资产利用率和对用户供电的可靠性，减小网络损耗等多项目标。

（五）支持与用户互动

意大利电力市场的现状说明，改变政策的确可以起到迅速调整电力市场结构的作用，但这并不是最符合公众利益的方式。系统运行与批发、零售电力市场应该实现无缝衔接，支持电力交易的有效开展，实现资源的优化配置；同时应该通过市场交易更好地激励电力市场主体参与电网安全管理，从而提升电力系统的安全运行水平，而这一切都需要城市智能电网的互动性来支撑。

在城市智能电网中，商业、工业和居民等能源消费者应该能够看到电费价格，有权选择最适合自己的供电方案和电价。另外，通过签订协议，改变用户的用电特性，在电量不变的情况下，降低电力负荷的峰谷差，这也是提高电网资产利用率的一个极富吸引力的措施。

目前，我国城市智能电网负荷中，第三产业及居民生活负荷所占比重很大，负荷曲线峰谷差大、负荷率低，造成按照高峰负荷配置的 10 kV 线路、配变等设备多数情况下负载率偏低，利用率亦偏低。以深圳、东莞、青岛、郑州为例，2008 年，居民生活负荷占城网负荷的比重均在 16% 以上，其中青岛达到 28%，郑州接近 33%；第三产业负荷所占比重均在 17% 以上，其中深圳达到 27%，郑州达到 30%（表 2.12）。表 2.12 和 2.13 分别给出了 2008 年我国部分城市的负荷构成及负荷特性调查情况。

表 2.12　2008 年我国部分城市负荷构成调查结果

产业	电量（%）				负荷（%）			
	深圳	东莞	青岛	郑州	深圳	东莞	青岛	郑州
第一产业	3.87	0.19	2.02	7.21	8.23	0.39	4.31	11.26
第二产业	61.24	78.18	67.39	36.35	47.91	65.28	49.80	25.80
第三产业	22.86	12.10	14.47	26.92	27.02	17.89	17.87	30.02
居民生活	12.03	9.53	16.12	29.52	16.84	16.45	28.02	32.92
全社会	100.00	100.00	100.00	100.00	100.00	100.00	100.00	100.00

表 2.13　2008 年我国部分城市负荷特性调查结果

城市	年负荷特性		日负荷特性			
	最大负荷利用小时数（h）	年负荷率	冬季典型日		夏季典型日	
			日负荷率	日峰谷差率	日负荷率	日峰谷差率
沈阳	6 113	0.698	0.832	0.387	0.819	0.407
合肥	4 817	0.550	0.794	0.361	0.812	0.430
广州	5 143	0.587	0.797	0.468	0.833	0.407
深圳	5 022	0.573	0.841	0.394	0.813	0.443
东莞	5 301	0.605	0.724	0.475	0.818	0.409
佛山	6 095	0.696	0.800	0.310	0.879	0.300
汕头	4 906	0.560	0.766	0.516	0.840	0.390
贵阳	5 030	0.574	0.810	0.461	0.841	0.367
郑州	4 679	0.534	0.818	0.429	0.755	0.494
济南	4 628	0.528			0.688	0.631
青岛	5 896	0.673				

注：最大负荷利用小时数（h）= 全年用电量（MW·h）/ 全年最大负荷（MW）
年负荷率 = 最大负荷利用小时数（h）/8 760（h）
　　　　 = 全年用电量（MW·h）/（全年最大负荷（MW）×8 760（h））
日负荷率 = 全天用电量（MW·h）/（日最大负荷（MW）×24（h））
日峰谷差率 =（日最大负荷 − 日最小负荷）/日最大负荷

在表 2.13 所列的 11 个城市中，年负荷率均在 0.700 以下，其中有 7 个城市在 0.600 以下；冬、夏季典型日峰谷差率也较大，均在 0.300 以上，部分城市夏季典型日峰谷差率超过 0.500，甚至达到 0.631；合肥、汕头、郑州、济南城网最大负荷利用小时数低于 5 000 h。因此，负荷曲线峰谷差大、负荷率低，在很大程度上造成了 10 kV 主设备利用率偏低。

城市智能电网强调电网与用户的互动和灵活的电价策略，这正是为了解决以上问题。城市电网中存在着大量可能与电网友好合作的负荷，如空调、电冰箱、洗衣机、烘干机和热水器等。它们可以在电力负荷高峰（电价高）

时段暂停使用，到供电不紧张（电价低）的时段再使用，帮助电网实现电力负荷曲线的削峰和填谷，从而获得可观的经济效益。

城市电网可利用需求响应技术实现与用户的双向互动。需求响应（Demand Response，DR）的概念是美国在进行电力市场化改革以后，针对电力需求侧进行管理以维持系统可靠性和提高运行效率而提出的，即电力用户根据电力价格、电力政策的动态改变而暂时改变其固有的用电模式，以达到减少或推移某时段的用电负荷、减少对电网的压力、提升电网利用效率的目标。按照用户不同的响应方式，可以将电力市场的需求响应划分为基于价格的 DR 和基于激励的 DR 两类。

在传统的缺乏价格和政策激励的情况下，需求方没有安排错峰用电的概念和动力，电力部门只有随着峰值负荷的增加不断建设新的电力生产设备。需求侧管理则可对用电高峰做出价格等调整，促使用户制定合理的用电策略，产生削峰错峰的效果，从而推迟电力设备的升级、建设，同时减少过大的负荷对电网的冲击。

目前，美国加州、PJM（美国的一家区域电力公司）控制区和新英格兰等 7 个地区的电力系统，都已建立了基于市场运作的需求响应项目。根据各独立系统运营商／区域性输电组织（ISO/RTO）的统计，2006 年夏季高峰负荷时期，通过实施 DR 降低了系统 1.4%~4.1% 的峰值负荷；另外据统计，2000 年全美高峰负荷削减量达到 22 901 MW，而 2010 年全美高峰负荷削减量达到 32 845 MW，相当于高峰负荷的 4.1%。在配电环节，需求响应技术可以改善电网的负荷曲线，提高系统可靠性，缓解电网设备投入增长和提高电网设备运行效率。

（六）实现用电智能化

科技的发展要以人为本，城市电网智能化的最终目的是服务于用户，使用户生活更便捷、更高效、更安全。用电设备的智能化是城市智能电网在用户端的特性体现，是让用户认可城市智能电网的重要筹码。

推动用电智能化有两个方面的原因：①从电力运营商角度看，利用现代计算机、通信与信息技术，将配电网的实时运行、电网结构、设备、用户及地理图形等信息集成，构成完整的自动化系统，实现配电网运行监控及管理的自动化、信息化，可以提高供电质量、用户服务质量和配电网管理效率；②从用户角度看，用户借助智能用电设备，随时监测用电情况，自动调度电力设备的运行，可以极大地提高用电效率，避免能源浪费和潜在事故的发生，同时智能家居的建设也可以提升用户生活质量，为生活增添乐趣。

用电智能化能够拉动大量相关产业的蓬勃发展，改变市场格局，带来巨额的经济效益。作为重要的二次能源，几乎所有的高新技术产业都必须建立在城市智能电网的基础之上，反过来也会赋予城市智能电网新的元素，两者相辅相成。例如，城市智能电网可促使人们广泛使用插入式电动汽车，带动汽车行业；24 小时使用太阳能，可拉动光伏产品的内需（如上所述，光伏产品内需不足，是我国光伏产业急需解决的问题）；能够选择自己的电源和用电模式，保持电力市场健康和灵活发展；促进节能楼宇的开发，支撑物联网技术的发展。

另外，作为一个平台，城市智能电网以用电智能化为引子，可推动和促进创新，使许多新技术变得可行，并为其发展提供机会，同时形成产业规模，提供就业机会，带来社会效益。如同互联网的兴起，城市智能电网的兴起亦会孵化出海量的应用服务，引发一场产业革命。

三、构建城市智能电网的关键技术

（一）城市智能电网技术组成

城市智能电网可以把工业界最好的技术理念应用于电网，以加速城市智能电网的实现，如开放式的体系结构、互联网协议、即插即用、共同的技术标准、非专用化和互操作性等。其中有些技术已经在电网中得到应用，有些仍面临着很大的技术挑战。下面列举几个发展城市智能电网的关键技术。

1. 配电数据通信网络

随着城市智能电网的逐步建设与发展，其通信数据量越来越大，实时数据是智能化电网的重要支撑。保证数据的安全性，保证设备在恶劣环境下的稳定运行，保证设备在故障时得到快速冗余的保护，需要足够的数据仓库与通信信道支撑。

随着实时数据采集、视频监控、专网语音等越来越多的信息化工程落地，城市需要建设一个可发展、适应性强的网络。目前的通信网络技术主要有以下几种：光端机通信、以太网交换机通信、电力载波通信、无线公网通信、无源光网络通信、无线宽带 WLAN 通信、无线传感网通信等，各种通信方式有其特点，能适应不同的环境。建设适应城市智能电网的通信网络应该满足如下要求。

1）建立互通通信标准

城市智能电网将二次智能化电子设备（Intelligent Electronic Device，IED）的采集数据通过通信网络传送到控制中心进行分析和控制。在这里，通信网络首先要与二次智能化电子设备互联起来（可采用以太通信方式或工业总线方式），因此需要明确并制定网络设备和二次设备间的互通标准。另外，通信网络技术多样，标准的或非标准的技术都有可能被采用。如低压电力载波技术缺乏统一标准，在用电信息采集系统中，必须使用同一厂商的集中器和采集器，才能保持通信标准一致。这在一定程度上会限制该种技术的推广和应用。

2）建立完善的通信安全架构

城市智能电网的各个环节中都部署着大量的传感器和计量单元，使得网络安全环境更加复杂。首先，智能业务中心存在大量有安全隐患的新建系统；其次，智能配用电领域大量智能终端的应用，给黑客提供了利用某些入侵软件操纵和关闭某些功能的机会；再次，原有的电力通信协议如 104 协议等缺乏对安全的考虑；最后，新通信技术如以太网无源光网络（Ethernet Passive Optical Network，EPON）、Wi-Fi、无线等的采用也引入安全风险。因此需要从中心系统、通信规约、终端仿冒和通信网络等多方面和整体考虑，形成满足城市智能电网新形势要求的、完善的通信安全架构，以保证城市智能电网有序、安全地建设和运行。

3）建立低成本、广覆盖的通信网络

城市智能电网的各个环节都需要信息的监测，因而对于覆盖电网的通信

网络更需要考虑低成本和广覆盖。以一个中小城市为例，城市面积约 10 km
× 10 km，电力用户有 10 万户左右，配变约 1 000 个，开闭所、环网柜及柱
上开关等约 100 个，需要进行采集的信息点达 10 万个之多，覆盖整个城区。
如何构建低成本、广覆盖的城市配电信息通信网络是大家必须考虑的问题，
其中低成本的含义包括建设成本和运维成本低。

2. 先进的传感测量技术

传感测量技术是城市智能电网基本的组成部件，先进的传感测量设备获得
电网运行数据并将其转换成数据信息，以评估电网设备的健康状况和电网的完
整性。电力工业中的很多关键设备都需要利用传感技术进行连续的监测，如架
空线路与电缆温度测量、电力设备状态在线监测、电能质量测量等。

目前传感测量技术的瓶颈在于测量设备与通信网络。例如传统的传感技
术容易受到电磁干扰而使测量结果产生偏差，而光纤传感技术不受电磁干扰
影响，可直接对高压、强电流的电力部件进行精确的测量。又如在城市智能
电网条件下，传感器的海量部署使得传统的有线通信信道捉襟见肘，负荷难
以承受，因此大力发展无线传感技术将是一个较有前景的方案。

另外，从用户的角度出发，先进的传感测量技术是物联网技术的基础，
也是用电智能化的必要条件。以传感测量技术在电动汽车中的应用为例。通
过在电动汽车、电池、充电设施中设置传感器和射频识别装置，可以实时感
知电动汽车运行状态、电池使用状态、充电设施状态及当前网内能源供给状
态，实现对电动汽车及充电设施的综合监测与分析，保证电动汽车稳定、经
济、高效地运行。而在各种家用电器中内嵌智能采集模块和通信模块，则可
实现家用电器的智能化和网络化，完成对家用电器运行状态的监测、分析及
控制。

3. 先进的保护控制技术

城市智能电网的保护控制，以保证城市配电网络的安全可靠运行及不
间断供电为基本原则。城市智能电网最突出的特点是具有自愈能力，包括
自我防御和自我恢复两方面内容。针对这两个目标，城市智能电网的自愈技

术主要有：通过 SCADA、广域监测系统（Wide Area Measurement System，WAMS）、配电生产管理地理信息系统（Temporal Geographic Information System，TGIS）等实现的电网在线监测技术；广域全景分布式一体化的电网调度技术；基于预想事故、预设专家系统的快速分析诊断技术；电网故障在线快速诊断技术；网络最优重构、电压与无功控制策略及快速故障定位、隔离和系统回复技术等。因此可以说，电网自愈技术的核心是在线实时决策指挥，目标是灾变防治、实现大面积连锁故障的预防。显然，智能化保护控制系统是实现电网自愈能力最基础的技术支撑之一。

目前，国内城市配电网规划的科学性较差，网络拓扑结构不够强。随着分布式电源的接入和微电网的形成，未来的城市智能配电网将具有以下几个特点：配电系统拓扑结构多变，实现供电灵活性；配电线路多分段、多连接，形成网络式的拓扑结构；城市工业体系中数字化产业比重大，对电能质量要求苛刻，因此部分城市配电网从辐射状网络结构向闭环环网模式转变；大量分布式电源接入，形成微电网与配电网并网运行模式，使得配电网从单一的由大型注入点单向供电的模式，向大量使用受端分布式发电设备的多源多向模块化模式转变。

未来配电网的上述特点，使得传统配电网保护配置方式与原理无法满足智能电网更高水平的安全运行需要。面向灵活的拓扑结构、允许多种分布式电源接入、具备高水平供电质量要求的城市智能电网，其保护控制必须具备自适应、广域信息测量和相互协调的能力。

4．分布式电源并网技术

城市智能电网区别于传统城市电网的一个根本特征是支持分布式电源（Distributed Energy Resources，DER）的大量接入。要满足 DER 并网的需要是智能电网被提出并获得迅速发展的根本原因。

DER 指小型的（容量一般小于 50 MW）、向当地负荷供电、可直接连到配电网上的电源装置，包括分布式发电（Distributed Generation，DG）装置与分布式储能装置。DG 装置并网后会给配电网带来一系列积极的影响：可以提高供电可靠性，DER 可以弥补大电网在安全稳定性上的不足，含 DER

的微电网可以在大电网停电时维持全部或部分重要用户的供电，避免大面积停电带来的严重后果；可以提高电网的防灾害水平，灾害期间，DER 可维持部分重要负荷的供电，减少灾害损失；DER 启停方便，调峰性能好，有利于平衡负荷；DER 投资小、见效快；发展 DG 装置可以减少、延缓对大型常规发电厂与输配电系统的投资，降低投资风险；可以满足特殊场合的用电需求，如将 DER 用于大电网不易到达的偏远地区的供电，处于热备用状态下的 DER 可用于重要集会或庆典上的移动应急发电；DER 还可以就近向用电设备供电，降低输电网长距离送电的电能传输损耗。

DER 的大量接入改变了传统配电网功率单向流动的状况，也给配电网带来了一系列新的技术问题，包括电压调整、继电保护、电能质量及城市配电网的运行管理等，这需要国家制定统一的技术标准对各个问题进行研究，逐一突破。

5. 高级配电自动化

配电自动化（Distribution Automation, DA）和高级配电自动化（Advanced Distribution Automation，ADA）对供电可靠性和提高资产利用率的贡献很大，其作用是多方面的，特别是在提高管理水平、管理效率和对用户服务水平方面效果十分明显（见表 2.14）。

ADA 是由美国 EPRI 在其"智电网体系"（IntelliGrid Architecture）研究报告中提出的。该报告将 ADA 定义为"配电网革命性的管理与控制方法，它将实现配电网的全面控制与自动化，并对 DER 进行集成，使系统的性能得到优化"。与传统 DA 相比，ADA 主要特点如下：

①支持 DER 的大量接入并将其与配电网进行有机集成。

②实现柔性交流配电（DFACTS）设备的协调控制。

③满足有源配电网的监控需要，例如故障定位方法要适应 DER 提供故障电流的情况。

④提供实时仿真分析与辅助决策工具，更有效地支持各种高级应用软件（如潮流计算、网络重构、电压无功优化等）的应用。

表 2.14　某配电自动化成效调查结果

序号	调查项目	近期收效评价（%）				远期效果预计（%）			
		很好	较好	一般	甚小	很好	较好	一般	甚小
1	提高供电可靠率	15.38	30.76	38.46	15.38	50.0	25.0	25.0	0
2	提高供电电能质量	25.00	37.50	37.50	0	66.70	33.0	0	0
3	进一步加强线损管理、降损	12.50	37.50	50.00	0	62.5	37.5	0	0
4	提高管理效率	33.30	33.30	33.30	0	100.0	0	0	0
5	提高劳动生产率	37.50	37.50	25.00	0	87.5	12.5	0	0
6	提高对用户服务水平	62.50	25.00	12.50	0	62.50	37.5	0	0
7	提高配电管理水平	55.56	33.33	11.10	0	100.00	0	0	0

⑤支持分布式智能控制技术。

⑥系统具有良好的开放性与可扩展性，采用标准的信息交换模型与通信规约，支持监控设备与应用软件的"即插即用"。

⑦各种自动化系统之间实现"无缝"集成，信息高度共享，功能深度融合。

ADA 包含高级配电运行自动化和高级配电管理自动化两方面的技术内容。高级配电运行自动化完成配电网安全监控与数据采集（DSCADA）、馈线自动化、电压无功控制、DER 调度等实时应用功能；高级配电管理自动化以地理图形为背景信息，实现配电设备空间与属性数据及网络拓扑数据的录入、编辑、查询与统计管理。在此基础上，高级配电管理自动化完成停电管理、检修管理、作业管理、移动终端(检修车)管理等离线或实时性要求不高的应用功能。

6. 高级量测体系

高级量测体系（Advanced Metering Infrastructure, AMI）是一个使用智能电表通过多种通信介质，按需或以设定的方式测量、收集并分析用户用电数据的系统。它由智能电表、广域通信网络、用户户内网络和测量数据管理系统等部分组成，为定时或即时取得带时标的多种计量值、与用户进行信息互动、分布式能源接入及管理、家庭能源管理等提供了强有力的支持平台。由于利用 AMI 可以在节能减排、需求侧管理、负荷响应等方面取得巨大的效益，全球许多国家都在对其积极进行研究或探索性试验，甚至许多政府机构颁布立法条例来推动 AMI 技术的实施。如欧盟、美洲、澳洲、亚洲等地区的国家及国际电工委员会（IEC）、美国国家标准协会（ANSI）、电气和电子工程师协会（IEEE）等组织都在积极进行智能电表、通信技术、高级量测体系的技术标准的研究和智能电表的应用研究。

未来的城市智能电网将取消所有的电磁表计及其读取系统，取而代之的是可以使电力公司与用户进行双向通信的智能表计。基于微处理器的智能表计将有更多的功能，除了可以计量每天不同时段电力的使用和电费外，还可以储存电力公司发出的高峰电力价格及电费费率信号，并通知用户实行何种电费费率；更高级的功能有根据费率政策为用户自行编制时间表，自动提供控制用户内部电力使用的策略。

对电力公司来说，参数量侧技术可以为电力系统运行人员和规划人员提供更多的数据支持，包括功率因数、电能质量、相位关系、设备健康状况和能力、表计的破坏、故障定位、变压器和线路负荷、关键元件的温度、停电确认、电能消费和预测等数据。新的软件系统将收集、储存、分析和处理这些数据，供电力公司的其他业务使用。

7. 高级资产管理

高级资产管理（Advanced Asset Management, AAM）与高级量测体系、高级配电自动化相配合，从城市电网的规划、建设、运行、检修维护等各个方面入手，实现电气设备的利用率、能源综合利用效能的最大化（如图 2.15 所示）。由于在城市电网中，技术和资本密集，资产种类繁多，分布广泛，并且需要经常维护和更换，同时资产变动频繁，技术更新快，因此通过对资产（设备）运行状态的监测和基于可靠性的维护，资产管理能够实现对城市电网资产的合理优化管理，保证配电网的可靠、安全和稳定。配电网资产管理的好坏直接影响配电网的运行与发展，高效地运作不断增加的庞大资产是提高配电网运行绩效的关键。

城市智能电网高级资产管理以配电网资产为中心，综合应用各种先进自动化技术、计算机技术、通信技术、信息技术及现代管理理念和技术，优化调整资产的管理和运行，使每个资产和其他资产进行很好的配合，最大限度地发挥其功能，以最低的成本实现用户所期望的优质服务。

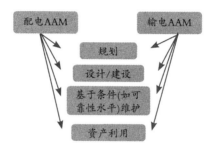

图 2.15　AAM 框架体系

8. DFACTS 技术

为了保证用户供电质量，一方面要加强输电系统的输送能力和运行安全性，保证配电系统的供电可靠性，另一方面应抑制或消除各种干扰（尤其是来自系统侧的瞬间电压跌落干扰）对电能质量的污染。基于电力电子技术的柔性交流输电系统（FACTS）通过控制电力系统的基本参数来灵活控制系统潮流，突破静态稳定瓶颈，使输送容量更接近线路的热稳极限，是提高输电系统输送容量的有效措施。

作为 FACTS 技术在配电系统应用的延伸——DFACTS 技术（又称 Customer Power 技术）已成为改善电能质量的有力工具。该技术的核心器件绝缘栅双极型晶体管（IGBT）比门极可关断晶闸管（GTO）具有更快的开关频率，并且关断容量已达兆伏级，因此 DFACTS 装置具有更快的响应特性。目前主要的 DFACTS 装置有：有源滤波器（APF）、动态电压恢复器（DVR）、配电系统用静止无功补偿器（D-STATCOM）、固态断路器（SSTS）等。其中 APF 是补偿谐波的有效工具；而 DVR 通过自身的储能单元，能够在毫秒级内向系统注入正常电压与故障电压之差，因此是抑制电压跌落的有效装置（如图 2.16）。

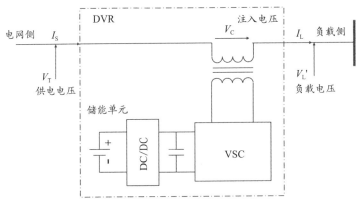

图 2.16　DVR 拓扑结构示意

DFACTS 技术是电力系统研究的新领域，是新的电力技术、电力电子技术、信息技术、控制技术领域的交叉学科，要使其在城市智能电网领域得到迅速有效的发展，须进行一系列的系统化研究，主要包括对电能质量问题的调研、电能质量对不同行业用户影响的试验研究、电能质量问题的监测评估技术、系统化综合补偿技术和新的电能质量监测的 SCADA 系统。

9. 智能用电

智能用电是城市智能电网的重要组成部分，其功能是将从供电侧到用户侧的重要设备通过灵活的电力网络和信息网络相连，形成高效完整的用电和信息服务体系，并对其中的信息加以整合分析，通过互动化策略，调动用户参与需求响应或直接进行远程优化控制，实现电力负荷的柔性化，指导用户或直接优化用电方式，支撑供电侧的可靠、经济运行。

目前，国内外智能用电均处于研究和实践的探索阶段，相关关键技术包括高级量测系统、智能终端设备的控制及其集成和智能用电双向互动支撑平台等。智能用电系统按照层次可分为智能化住宅小区、智能楼宇和智能家居，三者互相联系，相辅相成，共同构成了一个完整的智能用电系统。

智能化住宅小区是指利用现代通信网络技术、计算机技术、自动控制技术、IC卡技术，通过有效的传输网络，建立一个由综合物业管理中心与安防系统、信息服务系统及智能化家居组成的"三位一体"住宅小区服务和管理集成系统，使小区内每个家庭都能享受到安全、舒适、温馨和便利的生活环境。

智能化住宅小区总体构成包含用电信息采集、双向互动服务、小区配电自动化、用户侧分布式电源及储能、电动汽车有序充电、智能家居等多项新技术成果的应用，综合了计算机技术、综合布线技术、通信技术、控制技术、测量技术等多学科技术领域。它是一种多领域、多系统相互协调的集成应用。

智能楼宇的核心是5A［即楼宇自动化（BA）、通信自动化（CA）、安防自动化（SA）、办公自动化（OA）和消防自动化（FA）］系统。智能楼宇就是通过综合布线将这5个系统进行有机的综合，对建筑物的结构、系统、服务和管理根据用户的需求进行最优化组合，从而为用户提供一个安全、便利、高效、节能的人性化建筑环境。智能楼宇是一个边沿性、交叉性的学科，涉及计算机技术、自动控制、通信技术、建筑技术等，并且采用了越来越多的新技术。

智能家居是以住宅为平台，利用综合布线技术、网络通信技术、智能家居系统设计方案、安全防范技术、自动控制技术、音视频技术，将与家居生活有关的设施集成，构建高效的住宅设施与家庭日程事务的管理系统，提升家居安全性、便利性、舒适性、艺术性，并实现环保节能的居住环境。

（二）城市智能电网实施的预期效益

城市智能电网的效益是明显的，如：电能的可靠性和电能质量提高的收益；电力设备、人身和网络安全方面的收益——城市智能电网持续地进行自我监测，及时找出可能危及其可靠性及人身与设备安全的境况，为系统的运行提供充分的安全保障；能源效率的收益——城市智能电网的效率更高，通过引导终端用户与电力公司互动进行需求侧管理，从而降低峰荷需求，减少能源使用总量和能量损失；环境保护和可持续发展的收益——城市智能电网是"绿色"的，通过支持分布式可再生能源的无缝接入及鼓励电动车辆的推广使用，可减少温室气体的排放等。总体来说，可以归结为以下几个方面。

1. 实现配电网的最优运行，达到经济高效

智能电网应用先进的监控技术，对运行状况进行实时监控并优化管理，降低系统容载比，提高负荷率，使系统容量能够获得充分利用，从而可以延缓或减少电网一次设备的投资。智能调度系统和灵活输电技术对智能站点的智能控制及与电力用户的实时双向交互，都可以优化系统的潮流分布，提高输电网络的输送效率。同时，智能电网的建设将促进分布式能源的广泛应用，一定程度上降低电力远距离输送产生的网损，提高输电效率，推进低碳经济发展，产生显著的经济效益和社会效益。主要表现在：

①停电间隔和停电频率大幅度降低；

②电能质量扰动大量减少；

③有效地消除区域性大停电；

④大大地减轻对恐怖主义和自然灾害的敏感性；

⑤降低电价或缓解电价升高趋势；

⑥为市场参与者提供新的选择；

⑦更有效地运行和以很低的成本改善资产管理；

⑧网损电量和厂用电量下降。

2. 能够推动清洁能源的开发利用，促进环保与可持续发展

智能电网建设能够提高电网接纳绿色能源发电的能力，逐步由以化石能源消耗为主转变到绿色清洁能源与化石能源并存的能源消耗结构，降低碳排放量，促进绿色经济发展。智能电网通过提升发电利用效率、输电效率和终

端用户的电能使用效率，以及推动水电、风能及太阳能等清洁能源的开发利用，可以带来巨大的节能减排和化石能源替代效益，更能充分地发挥电网在应对气候变化方面的重要作用；通过集成先进的信息、自动化、储能、运行控制和调度技术，能够对包括清洁能源在内的所有能源资源进行准确预测和优化调度，改善清洁能源发电的功率输出特性，解决大规模清洁能源接入为电网安全稳定运行带来的问题，有效提高电网接纳清洁能源的能力，促进清洁能源的可持续开发和消纳。

3. 有利于推动电动汽车等环保型设备发展，增加终端电能消费，实现减排效益

智能电网为蓄电式交通工具和蓄电式农机的大规模使用提供了优化控制平台。从能源利用效率方面来讲，燃油为交通工具提供动力的能源转换效率在 15%~20% 之间，很难再大幅度提升。而电能转换动能的效率可达 90%，加之蓄电池充电放电效率约为 90%，所以从电到动力的效率可以超过 80%。因此，电动汽车较燃油汽车的能源转换效率高 1~2 倍。普通汽车行驶 100 km，需要耗油 8 L，而燃烧 8 L 汽油产生大约 19 kg 二氧化碳。根据电动汽车厂家提供的数据，考虑充电过程中的损耗，与普通汽车相比，电动汽车每行驶 100 km，大约需要耗电 20 kW·h，电力生产过程中排放二氧化碳约 12 kg。电动汽车行驶每公里可减排二氧化碳 0.07 kg，在相当大的程度上降低了对环境的污染。

（三）城市智能电网建设的研发重点

1. 分布式电源接入

分布式可再生能源接入技术是当前全球可再生能源技术发展的热门领域，是现在制约城市智能电网发展的瓶颈之一，需要重点突破。关于分布式电源接入的研究主要包括以下几个方面。

1）含分布式电源及微网的配电系统综合分析方法

研究包含各种类型分布式电源、各种规模微网的配电系统稳态及动态分

析方法，实物与数字仿真方法。分析分布式电源间、微网间、微网与配电系统间的交互影响，包括：对电能质量的影响，对配电网的计量、通信及可靠性等方面的影响，对配电网规划和运行的影响，对配电系统保护及自动化的影响等。重点解决高渗透率条件下的微网与大电网两者相互作用的本质，发展相关的理论和方法，为含微网的大电网系统的稳定性分析与控制奠定理论基础。

2）含分布式电源及微网的配电系统协调规划方法

研究微网系统本身的优化设计方法，包括微网结构的优化设计，分布式电源类型、容量、位置的选择和确定等；建立适合分布式电源和微网特点的配电网设计和规划理论，主要包括：有助于微网接入的配电系统结构设计方法，含微网配电系统的综合性能评价指标体系，新型配电系统的优化规划理论和方法；开发出具有空间负荷预测、分布式电源（微网）容量与位置优化、配电网络优化、分布式能源结构优化等功能，适用于微网发展的电网规划决策支持系统。

3）分布式电源及微网的并网与保护控制技术

研究以实现高效、用户友好型并网发电为目的的分布式电源及微网并网技术，包括模块化分布式电源即插即用型并网技术，含多类型多功能分布式电源的微网并网技术；微网中多种分布式电源协调控制与保护技术，含分布式电源和微网的配电系统新型保护原理和方法；大量分布式电源和微网存在条件下的配电系统自动化技术，电能质量检测治理技术，智能调度策略等；紧急情况下多微网配电系统并网和孤岛模式下协调控制的原理与技术；微网的孤岛运行与黑启动技术，即大电网故障下，利用分布式电源进行短时孤岛运行，进而提高供电可靠性的方法。

4）分布式电源及微网的并网标准及运营机制

制定科学的分布式电源及微网并网标准，体现电网对分布式电源及微网并网的一般性要求，电能质量（电压、频率偏差，谐波，电压波动和闪变，直流分量，电压不平衡度）要求，保护与控制要求，电网异常时分布式电源及微网的响应特性要求，分布式电源和微网的并网测试要求等。研究有助于分布式电源和微网规模化发展的市场运营机制，包括不同可再生能源发电类型、不同资源条件、不同装机规模、不同发电技术水平下的电价机制，电力市场环境下分布式电源及微网的运行管理机制等。

2. 高级配电自动化

配电自动化（DA）是指利用现代计算机及通信技术，将配电网的实时运行、电网结构、设备、用户及地理图形等信息进行集成，实现配电网运行监控及管理的自动化、信息化。DA 的主要功能有数据采集及监控（SCADA）、故障自动隔离及恢复供电、电压及无功管理、负荷管理、自动绘图 / 设备管理 / 地理信息管理、检修管理、停电管理等。DA 可以提高供电可靠性和供电质量，增加用户满意度及提高配电网管理效率。

中国自 20 世纪 90 年代初开展 DA 技术研发与应用工作。截至 2003 年，有 100 多个地级以上城市开展了 DA 系统工程试点工作。有的工程规模很大，如绍兴的 DA 系统，安装终端近 5 000 套，基本覆盖了整个城区的配电网。2003 年以后，不少已建成的 DA 系统暴露出运行不正常、实用化程度差的问题，再加上全国面临缺电的局面，供电企业忙于应对电力需求的急剧增长，DA 应用进入了相对沉寂的阶段。总体来说，中国 DA 应用水平较低。馈线自动化覆盖面有限，不能形成规模效益；"自动化孤岛"现象严重，条块分割，没有做到整个配电管理流程的计算机化，应用功能有限。

智能电网的出现，使配电自动化面临着新的发展机遇与挑战。传统配电网保护控制技术可分为基于装置安装处测量信息的就地保护控制技术和基于广域信息的集中保护控制技术。就地保护控制技术动作快、速度快，但利用的信息有限、控制性能不完善；集中保护控制技术能够利用全局信息，优化控制性能，但对通信网依赖大，响应速度慢。现代通信技术的发展，为研究基于对等通信技术的分布式智能控制技术创造了条件。分布式智能控制系统中，智能电子装置（IED）能够通过通信网实时获取其他节点测量信息，实现广域保护与控制功能。由于利用多点测量信息，且不依赖于主站，分布式智能控制兼备了集中保护控制与就地保护控制的优点。开发与推广应用分布式智能控制技术，对完善、提高有源配电网保护控制性能具有十分重要的意义。

目前，国际上对分布式智能控制技术的研究相当缺乏，尚未取得实质性进展。

智能电网中的配电自动化称为高级配电自动化（ADA）。ADA不是对配电自动化的简单的继承与发展，而是产生了革命性的变化。ADA要适应分布式电源与柔性配电设备（DFACTS）的大量接入，满足功率双向流动配电网的监控需要；ADA采用分布式智能控制，通过局域网交换信息，现场终端装置能够实现广域电压无功调节、快速故障隔离等控制功能；ADA具有良好的开放性与可扩展性。同时，ADA支持监控设备与应用软件的即插即用。

高级配电自动化研究内容覆盖有源配电网监视、保护、控制等方面。建议重点研究分布式智能控制技术及基于分布式智能控制技术的故障自愈、电压无功控制、分布式电源保护控制技术，形成具有自主知识产权、能够代表国际配电自动化先进技术水平的原创性成果。为此，须重点研究如下几方面。

1）分布式智能控制技术

主要研究包括智能配电网分布式智能控制技术需求分析，分布式智能控制基础理论与技术体系，多代理（Multi-Agent）理论在分布式智能控制中的应用，分布式智能控制终端间的任务分配与协调机制，分布式智能控制系统结构和构成元素，分布式智能实时数据快速对等交换技术，分布式智能控制算法与应用程序接口技术等。

2）配电网广域测控体系

该体系由通信网络、数据对象与通信服务模型、数据采集、数据传输与管理等构成，为DA主站、子站与智能终端装置（IED）中的应用软件提供数据采集、传输与管理服务，能够支持分布式智能控制的应用。这方面的主要研究内容包括：时间同步技术，同步数据采集与相量测量技术；实时数据存储与管理技术，实时数据库结构与接口技术；配电网开放式通信体系，智能终端与应用软件的即插即用技术；配电网通信对象模型，配电网通信适用数据传输规约与通信服务映射；快速对等数据交换与控制技术；安全访问控制技术；通信网络与系统管理技术等。

3）智能配电终端技术

主要研究涉及分布式智能控制需求的智能配电网终端装置技术的要求

与规范；基于现代嵌入式技术的低成本、低功耗、高可靠性的智能配电终端通用开放式硬件系统、软件支撑平台及其应用程序接口；智能配电终端及其工作电源的长寿命、免维护技术；IEC 61850 标准在智能配电终端中的扩展应用；终端装置通信的安全防护与身份认证及即插即用技术；智能配电终端与高级传感器的接口、配合技术；配电网参数和运行方式的在线自动识别技术，智能配电终端定值和参数自动整定及根据不同运行状态的自适应调整技术等。

4）分布式电源高度渗透的有源配电网保护与监视技术

主要研究基于广域测控体系的分布式电源、DFACTS 设备及微网运行状态的可视、可测、可控技术；基于广域测控体系的配电网运行状态相关数据的分析与监视技术；利用就地与广域（多个监控站点）信息的分布式电源灵活接入及控制技术；分布式电源及微网的"孤岛"监控与保护技术；有源配电网广域保护技术、自适应保护技术；包含分布式电源、微网的有源配电网电压无功控制技术，基于广域信息的有源配电网电压无功优化算法，利用DFACTS 设备的电压无功控制方法。

5）故障定位、隔离与自动恢复供电技术

主要研究单向潮流配电网短路和小电流接地故障快速自动定位、隔离与供电恢复技术；双向潮流有源配电网的短路故障自动定位、隔离与供电恢复技术；有源配电网中小电流接地故障检测及定位技术；分布式智能控制的快速故障自愈与无缝故障自愈技术，目的是最大限度地缩短故障停电时间。

3. 高级资产管理

配电网设备众多，分布面广，异动率高，设备投资主体和运行维护条件多样，标准化程度差，使其管理难度远大于输电系统。

配电设备的状态直接决定了配电网运行的安全性与可靠性高低。在投资结构合理的情况下，配电设备投资额占整个电网资产比例的 60% 以上。因此，加强配电资产管理对于提高供电质量与资产利用效率具有十分重要的意义。

配电网资产管理是一个使设备达到最优性价比的复杂的系统工程，涉及配电网规划、设计、建设、运行，设备采购、维护、报废等过程。其中，规划、设计是保障设备高利用率的基础；建设、运行影响设备的可靠性；设备采购、维护、报废影响设备利用周期。因此，要实现高效的设备资产管理，需要建立科学有效的电网规划理论、细致准确的设备监测方法和全面成熟的设备管理体系。

在电网规划理论方面，传统的配电网络规划主要以优化网架结构为目标，一般包括当前电网薄弱点分析、负荷及负荷分布预测、变电站选址与定容、网架规划等环节。然而，对中国当前电网供电可靠性与电能质量普遍偏低且缺乏差异化管理的问题，传统的配电网络规划并不能有效应对。因此需要深入研究配电系统中影响可靠性与电能质量的具体因素，进而发展可提升可靠性或电能质量的配电网络专项规划技术。

我国电网的规划只针对本级电网的"$N-1$"校验来考虑设备备用，且规划中采用的是按电压等级分级编制的管理模式，造成现时的各级电网规划只关注本级电网的结构与设备的备用，忽略了下级电网对上级电网的支持，从而造成了较大的资源浪费，迫切需要构建计及全电压等级序列相互协调的规划模型和方法。

此外，随着各种分布式电源、电动汽车的逐步发展，传统的基于单向潮流的配电网将不能适应双向潮流、大功率冲击负荷等方面的要求，而目前能够考虑分布式电源、电动汽车充电站等设备设施接入的规划理论和方法仍是空白。

在电网设备检修维护方面，当前中国电力企业仍旧主要采用传统的定期检修方式。这种检修方式可能导致部分运行状态较好的设备周期性停运，这不但增加了不必要的停电，降低了供电可靠性，也增加了系统的潜在风险。为了做到电力设备的"应修必修，修必修好"，目前国际上较发达的国家和地区普遍都采用了状态监测和状态检修的方法。在状态检修的基础上，国际上比较通用的制定和优化预防性维修方案的系统性方法是以可靠性为中心的设备维修（Reliability Centered Maintenance，RCM）。美国已有70%以上的电厂和电网公司应用RCM来指导其设备维修工作。据2004年美国电科院的RCM技术白皮书所述，对应用RCM的电力企业进行的调查表明，在维持原有供电可靠性不变甚至有所提高的情况下，各电力公司因应用 RCM 而节约的维修成本多数为 5%~20%。RCM 理论在欧洲及日本的电力企业中也被大量的应用。目前电力系统可靠性研究的范围正在逐步扩大，已经从对元件和小型系统的可靠性评估转入对大型电网的综合评估，并且已经有一些专业化的评估软件投入实际运用。中国电力行业对 RCM 尚比较陌生，需要开展将电力设备的运行特性及其影响与 RCM 理论相结合的研究，以便早日实现电力行业对 RCM 的应用，同时提升设备利用效率和用户供电可靠性。

在设备利用管理方面，中国电力企业仍然只关注设备运行年限与折旧，而国际上比较通用的设备管理方法则是全寿命周期成本（Life Cycle Cost，LCC）管理。LCC 管理是经济分析的一种方法，即从项目的长期经济效益出发，全面考虑设备或系统的规划、设计、购置、建造、运行、维护、更新、改造，直至报废的全过程，使 LCC 最小的一种管理理念和方法，是从系统最优的角度考虑成本管理问题。与传统的经济分析技术相比，LCC 管理着眼于长期得失，以追求项目全过程所耗资源最节省为目标。LCC 概念起源于瑞典铁路系统，1965 年美国国防部研究实施 LCC 技术并将其普及全军，之后，英国、德国、法国、挪威等国的军队普遍运用了 LCC 技术。在中国，最初引进 LCC 理论主要是用于设备状态评估和检修策略的制订。近年来，LCC 的工作视野及研究重点已逐渐转移到以大系统的观念考虑整个系统及其设备生命周期的相关指标上。电力企业作为资金、技术密集型企业，主要设备具有初始投资大、运行成本高、服役时间长的特点，因此基于 LCC 的资产管理更具意义。

4．电动汽车接入

作为未来重要的交通工具，规模化接入的电动汽车（包括混合动力汽车）将给电力系统带来巨大的机遇与挑战，这是由于电动汽车同时具备电源与负荷特性，并且在空间范围内还能表现出移动的特点；若被充分利用，则可极大提升电网设备利用效率，否则将极大地加重电网的供电负担。目前针对电动汽车接入的研究主要集中于 V2G（即汽车向电网输送能量）及其与电网的互动技术。

2012 年 3 月 7 日，时任美国总统奥巴马启动了 EV Everywhere Grand

Challenge 计划，聚集全美最优秀的科学家、工程师及汽车生产商协同工作，以提升电动汽车的经济性和便捷性；3 月 13 日，由美国能源部、州政府、电力企业、汽车制造商和环保组织共同组成的气候与能源解决方案中心（Center for Climate and Energy Solutions，C2ES），发布了关于加速即插式电动汽车在全国范围内推广的建议，并提出了后续开展电动汽车与电网友好互动研究的计划。在具体技术方面，以美国特拉华大学 Willett Kempton 教授为核心的科研团队早在 1995 年就提出了 V2G 的概念。2005 年，Willett Kempton 团队研究了 V2G 的基础问题——容量计算和净收益。研究表明，V2G 的工程原理和经济利益是引人注目的。同年，他们还研究了 V2G 的实现问题：稳定电网和支持大规模可再生能源接入电网。2011 年，由 Willett Kempton 教授主持开发了 Nuvve 公司的 V2G 解决方案，方案在丹麦示范运行。

2011 年 3 月，欧共体（European Communities）启动了由多家电网公司、汽车制造商、大学与研究机构等 42 家单位参加的 Green eMotion 第七框架研发项目，旨在从智能电网发展、创新性信息和通信解决方案、电动汽车类型发展及城市交通概念研究四个方面，建立具有通用性和规模化技术解决措施的电动汽车领域发展框架，项目总研究经费约 4 200 万欧元。与此同时，英国、挪威、西班牙、葡萄牙、德国和希腊六国的科研机构、院校、输配电运营商、汽车制造企业顾问等也共同参与开展 MERGE（Mobile Energy Resources in Grids of Electricity）项目，主要研究电动汽车接入后的电网管理和控制方法，以及通过建立对电动汽车接入影响的准确评估方法和模型来规划电动汽车充电设施的最优布点的方法。

在我国，国家电网公司与南方电网公司积极开展电动汽车的试点工作，其中国家电网公司的第一批试点工程在有营业区的 27 个国网省级公司全面推进电动汽车充电设施建设，新建 75 个充电站和 6 209 个交流充电桩（图 2.17），初步建成电动汽车充电网络。与此同时，国家科技部和国家能源局也先后开设众多研究课题支持电动汽车的发展，其中，2011 年度国家"863"计划在先进能源领域智能电网重大专项中投入上亿元，开展电动汽车充放储一体化电站、电动汽车充电对电网的影响及有序充电、电动汽车与电网互动等三个课题的技术研究。与此同时，2011 年度交通技术领域的"863"项目和国资委央企联盟技术项目也投入近十亿元，开展电动汽车电池、整车、电驱动与充电服务四部分的产业化项目。

图 2.17　电动汽车充电桩

将电动汽车作为城市智能电网的研发重点，原因如下。

1）电动汽车是电网参与者

假设消费者接受有关的价格、性能和寿命年限的情况，电动汽车能够使消费者从使用石油和汽油转向使用电力。城市智能电网在技术上可以使这些车辆在非繁忙（非峰荷）时间充电，并在每天的用电高峰期对电网提供功率支持。如果车辆数量足够多，且管理得好（比如实施峰谷差电价，使用户有与电网友好合作的积极性），则相当于为电网提供了可以协助其调峰的大量分布式储能装置。由此可见，电动汽车在城市智能电网中不再仅仅是一个电力消费者，同时还是一个积极的参与者；它们除了使用电力，还可以储存、提供电力，成为整个电力网络供需平衡间的一个调剂者，使得电力供应系统更稳定、更可靠。

2）电动汽车投资相对更低

城市智能电网投资巨大。美国电科院（EPRI）在 2004 年对之后 20 年在美国实现智能电网的成本所做的初步估算（以 2002 年美元的价值计）表明，电网智能化建设需追加的总成本为 1 650 亿美元（其中输电 380 亿美元，配电和用户参与 1 270 亿美元）。美国 EPRI 在 2011 年做了修正性估计：基于"在 2030 年前持续稳定地开发智能电网技术"的假设而提供的一份新报告指出，在美国实现"完全功能的智能电网"的花费会在 3 380 亿~4 760 亿美元。相对于以其他设施的建设来作为城市智能电网改造的切入点，电动汽车的成本要低得多。并且由于与生活联系更紧密，用户更容易接受电动汽车并愿意为之消费。所以，在智能电网的巨额投资中，会有相当一部分被用于推动电动汽车普及。

3）电动汽车拉动大量相关产业

电动汽车的兴起将拉动庞大的产业链，推动科技进步。以国内 2012 年 7 月在天津投入运营的综合型智能电动汽车充换电站为例，该站应用了大量的新能源技术和高新设备，实现了技术创新、应用创新和集约化建设。主要创新点包括：采用紧凑型模块化充换电系统，节省了 25% 的土地使用面积；国内首创充换电站内碾压发电系统，以道路为铺设载体，行人车辆为动力来源，实现了新型能源转化；首次实现光伏发电与充电系统之间的无缝接入，能量转换效率提高了近 10%；采用智能热回收技术，解决了北方冬季温度较低时的电池充电问题，设备使用寿命延长了 40%；应用自动换电机器人，实现了换电全过程的准确定位、快速高效；通过智能电网、物联网和交通网的"三网"技术融合，利用智能车载终端，实现了电动汽车与集中监控中心的信息共享和实时交互。

一种设想是，混合电动汽车（Plug in Hybird Electric Vehicle，PHEV）将得到广泛使用。如同 e-mail 是 Internet 的"杀手级应用"（killer application）（即前者的应用使后者被迅速、广泛地接受），混合电动汽车也将是城市智能电网的"杀手级应用"，即消费者将通过混合电动汽车接纳城市智能电网。

（四）城市智能电网关键技术的具体实践

1. 美国的具体实践

美国大部分电力设施均已投运 25 年以上，日益老化的电网基础架构与不断增长的用电需求之间的矛盾日益尖锐，逐渐暴露出输电阻塞、市场效率低、二次系统与数字信息技术发展脱节等问题。为解决电网存在的问题，美国从 21 世纪初逐步启动了未来电力系统的研究，特别是在 2003 年美加大停电后，美国能源部决心利用信息技术对陈旧老化的电力设施进行彻底改造，开展智能电网研究，以期建设以满足智能控制、智能管理、智能分析为特征的灵活多变的智能电网。自 2009 年以来，根据美国复苏与再投资法案，能源部实施了智能电网的投资补助计划（SGIG），以期进一步提升美国电网的供电可靠性、电能质量和设备利用效率。计划具体的实践方案包括如下几方面。

1）供电可靠性提升

为完全实现配电自动化，需要整合通信网络、控制系统和现场设备，还需要测试和评估设备能否满足设计要求。为确保相关技术能被安全和高效利用，对电网操作员和现场工作人员的培训也是必要的。在改善供电可靠性方面，应重点采用如下技术。

（1）通信网络

配电系统的通信网络可实现从传感器获取数据，处理数据，并发送控制信号操作设备的功能，从而增强了电网运营商控制潮流的能力，并实现了可靠性。

大多数设备采用多层通信系统实现信息在控制系统和现场设备间的通信。在许多情况下采用两层的通信网络。第一层的网络通常连接变电站和总部的配电管理系统，由高速光纤或微波通信系统组成。有些设备利用现有的监测控制和数据采集通信系统（SCADA）来实现该层的通信。网络的第二层通常连接变电站和现场设备，并使用无线专用网络或电力线载波通信。

（2）信息和控制系统

①故障定位、隔离和恢复供电

自动馈线开关操作通过使用传感器、控制器、开关和通信系统，实现自动隔离与重构配电馈线段。自动馈线开关通过断开或闭合来响应本地识别的故障或从其他位置发送的控制信号。在与通信和控制系统结合后，多开关的操作可以得到协调，以清除馈线的故障部分和重新调整潮流流经没有故障的部分。这些协调操作被称为故障定位、隔离和恢复供电。

在一般情况下，有两种主要类型的自动化方法：集中式和分散式。集中式方法使用配电管理系统或 SCADA 来协调多个馈线的自动化设备之间的操作；分散式方法（有时也被称为分布式或自主切换）使用本地控制包，根据预先设定的切换逻辑来操作特定馈线上的自动化设备；也可以同时使用集中和分散相结合的方法。

对不同的馈线开关设备、系统和方法的选择取决于项目的目标、已有的设备和系统、电网现代化的长期目标及投资时间表。寻求解决若干对停电相当脆弱的馈线项目，可能更倾向于选择分散式方法，而寻求提高其大部分服务地区可靠性的项目，会选择集中式方法。配电系统的现代化的其他方面，如电压控制、无功管理、资产管理，也影响馈线开关方法的投资决策。

②馈线开关操作

自动化馈线开关是配电自动化中的关键部件。它们可以对感测到的故障做出响应，或依据从其他位置接收的控制信号进行断开或闭合操作。图 2.18 和图 2.19 展示了馈线开关动作前后的馈线结构。

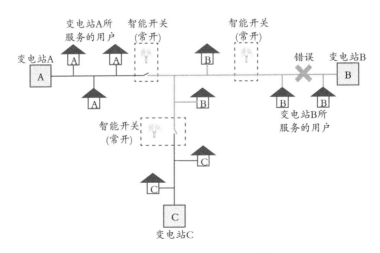

图 2.18　馈线开关动作前的馈线结构

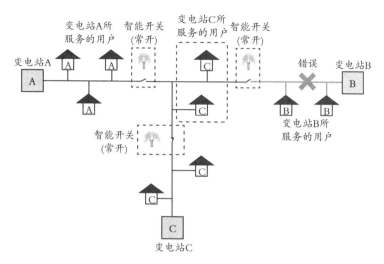

图 2.19　馈线开关动作后的馈线结构

③自动化控制成套设备

有些设备使用自动化控制成套设备来进行新型开关设备的配备和现有配电开关的改造。自动化控制的成套设备包括电脑、用户界面和通信系统，以实现设备可进行编程和远程控制的目的。这些设备使用电压和电流传感器来识别故障。它们使用控制器独立地断开或闭合开关，或者按照预设的逻辑和系统条件与其他开关组合使用。这种功能在故障定位、隔离和恢复操作时对平衡馈线负载是必不可少的。

控制系统也可以由操作员或配电管理系统远程操作。根据特定需要，控制系统可以有更复杂的算法以响应系统条件的变化或操作目标。例如，在严重的风暴来临之际，基于大多数故障无法通过重合闸清除的预测，开关可以通过编程避免重合闸，进而避免由不必要的重合闸和因风暴破坏所导致的部分系统退出运行而产生的麻烦。

④配电管理系统

配电管理系统（Distribution Management System，DMS）整合来源于传感器、检测仪和其他现场设备的不同数据，用以评估电网状态和控制电网。作为可视化和决策支持系统，DMS 协助电网操作员监测和控制配网系统、元件和潮流。DMS 通常用于监控可能会导致故障和停电的馈线及设备条件、识别故障，并确定最优切换方案，以实现对最大负载或最多数量用户恢复供电。

DMS 近似实时地、连续地更新配电系统动态模型，因此电网运行人员将能更加持续和完整地了解配电系统的状况。电网运行人员通过仪表盘和可视化工具了解系统负荷变化、停电问题和维护问题。DMS 也可以被用来模拟训练电网运行人员，同时可以被用来分析针对不同类型停电场景的恢复操作。

⑤停电管理系统

停电管理系统（Outage Management System，OMS）是用来分析停电报告进而确定停电范围及问题发生的可能位置的信息管理和可视化工具。OMS 获取用户通知的时间和地点、智能电表的停电通知及从变电站和馈线监测装置发布的故障信息。通常情况下，OMS 和维修员工使用的地理信息系统相互合作，这样就能够更快地确定停电地点的精确位置，并且得到更好的解决问题的方法。以往大多数的 OMS 操作的信息仅仅是有限的用户通知、变电站停电和断路器位置等一般信息。通过过滤和分析多个来源的停电信息，现代的 OMS 可以为电网运行人员和抢修人员提供更多专业和可操作的信息，以便更好地提升停电操作质量，更加精确、经济地恢复供电。

OMS 也用来向用户传递停电信息，包括可能的停电原因和预计的恢复时间等。OMS 可以被集成到 DMS 中，为可视化和决策支持提供额外的信息支撑，从而在解决大停电和重大事故时能够收到更理想的效果。

（3）现场设备

现场设备是一套在馈线和变电站中使用的、用于管理电网潮流的技术设备。现场设备的操作可以和信息与控制系统相互协调，以实现提升配电可靠性的目的。

①现场设备和自动馈线开关

智能继电器和结合 DMS 的故障分析设备能够更精确地定位故障并识别故障发生原因。当故障发生且电压电流等级在正常运行范围之外时，远程故障指示器可以通知电网运行人员和现场工作人员。智能继电器收集有关的故障信息，并使用更复杂的算法，来帮助电网运行人员诊断、分析故障的位置和原因。

这些设备和系统通常使用更高分辨率的传感器，能够更好地监测故障信号，并确定和解决瞬时中断问题。通过对故障监测数据的分析，可以得到正确的处理措施（如馈线开关自动动作或其他管理），并减少持续断电的可能性。传感器和继电器技术的最新发展改善了高阻抗故障监测问题。当带电的电源接触异物（如树枝）时，较高的阻抗造成故障电流偏低。在监测该类故障时，智能继电器相比传统继电器具有较大优势。

自动馈线开关通过接收自动控制中心、DMS 或者电网运行人员的指令控制断开和闭合。开关可以隔离故障和重构配电馈线段以恢复供电。当监测到故障电流时，开关也可以同时进行断开和闭合；当发生风暴和强风造成电力线短时连接时，重合闸可以降低中断供电的可能性。

②设备健康传感器和负载监视器

设备健康传感器能够监测设备运行条件并测量参数，如电力变压器的绝缘油的温度可以揭示其过早失效的可能性。不同类型的设备，可以被配置以测量不同的参数。通常情况下，这些元件主要应用于变电站或其他会因故障造成严重后果的各类设备之中。

当对设备健康传感器辅以数据分析工具时，即可使其为电网运行和维护人员提供警报和可操作的信息，包括设备退运、转移负荷或者设备维护。

③断电检测设备和智能电表

迄今为止，大部分电网停电信息的获知仍旧需要依靠客户的电话投诉。然而，并非所有的用户都会投诉停电，投诉时间也有所不同，甚至少量用户直到电力即将恢复才投诉。因此，依靠投诉获取的停电位置信息是不完整的，这会导致停电处理的延迟和低效。利用新的设备和系统可以实现用户停电时间和停电位置的更精确获取和定位，进而使恢复时间提前和停电持续时间缩短。

智能电表可以配备停电通知功能，允许设备在电力断供时传送“最后一刻”的警报。警报包括标示位置电表号和一个时间标记。高级量测体系

（Advanced Metering Infrastructure，AMI）的头端系统（HES）可以处理这些警报，并将停电的电表及其位置通知给电网操作员和抢修人员。HES 通常需要集成 OMS，以便处理多个来源的停电数据，并帮助操作员评估停电范围和确定可能的原因。

智能电表也可以在电力恢复时用于发送"上电"通知给操作员。此信息可用于更有效地管理供电恢复，并帮助维修人员确保处理完影响该停电的所有故障后再撤回。AMI 还可以连接到停电地区的电表，以评估停运边界并确认对特定的客户是否已经恢复供电。这些功能可以使现场人员更有效地部署工作，从而节省时间和金钱。

2）电能质量提升

传统上，一直用电容器、稳压器和变压器分接开关对配电馈线进行电压支持和无功补偿，而当前可以利用新科技、工具和技术实现对现有设备的智能控制。传感器、通信系统、配电管理系统和自动化控制成套设备等系统和设备使智能控制成为可能。智能控制的成功实施，可为电力企业和用户带来新的收益。

（1）电压支持和无功补偿

表 2.15 总结了电力部门在适当馈线范围内维持电压电平的三种类型的设备。

表 2.15　电压支持和无功控制装置

设备	位置	功能
分接开关（LTCs）	变电站变压器	调节变电站处的馈线电压
稳压器	馈线或变电站	调节沿馈线或变电站处的馈线电压
电容器组	馈线或变电站	无功功率补偿和电压支持

表 2.15 中，分接开关（LTCs）可以增加或减少变电站变压器的电压。当馈线负载增加时，LTCs 可增大电压以支持由负载增加引起的馈线上更大的电压降落。稳压器也可以增加或减小电压，并且可安装在变电站或沿配电馈线安装。与 LTCs 一样，稳压器可根据负载的变化调节电压。配电馈线安装的

电容器组可以提高电压水平，并进行附近的感性负载的无功功率补偿。

①分接开关和稳压器

大部分电网都是交流（AC）系统。交流的一个关键优势就是可通过变压器增加或减小电压。分接开关和稳压器都可算是某种类型的变压器。LTCs 是变电站变压器上的设备，用于提高或降低电压输出。稳压器是调整电压水平以响应负载变化的设备。稳压器通常以安装配电馈线来调节远离变电站处的电压。

②电容器

电力部门使用电容器对感性负载的无功功率进行补偿。感性负载涉及的设备有电机，其运行取决于磁场。使用电容补偿无功功率降低了发电厂供给的总功率量，最终可得到一个沿馈线的平坦的电压分布，并减少馈线上的电力损耗。分布电容器组由一组连在一起的电容器组成，其容量取决于电容器的数量。电容器组安装在变电站和配电杆塔。

电容器组是固定的或可切换的。固定大小的电容器组用来补偿相对恒定的无功负荷。可切换的电容器组可以根据负载和电压条件的变化进行投入或切除。开关频率取决于条件的变化频率。因为电容器组通常会一组组地切换，相应的无功功率和电压水平是阶跃变化的。通常情况下，电力工程师会限定电容器组的大小，以保证切换不会造成电压升得太高或降得太低。与 LTCs 或稳压器产生的小幅电压影响相比，投入或切除电容器组产生的影响是大的电压阶跃变化。因而，相比于电压控制，电容器组更多地被用于电压支持。

（2）电压无功优化的自动控制

①集中和分散控制

电压无功优化（Voltage-Var Optimal，VVO）通常可以采用集中和分散控制两种方法来实现。图 2.20 提供了两种方法的原理图，并总结了两种方法间的差异。

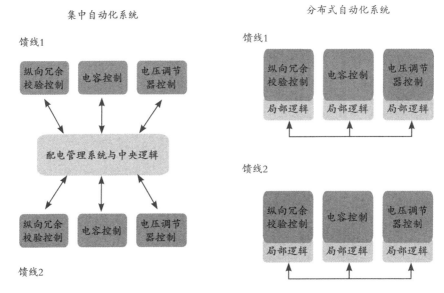

图 2.20 集中和分散控制

在一般情况下,集中控制通过配置在调控中心的计算机及 SCADA 或其他通信网络来协调多馈线间自动化设备的操作。相比之下,分散控制使用当地的成套控制设备来操作某一馈线上的设备,或是根据预先确定的逻辑控制方案操作几条具有相连关系的馈线设备。实际项目也可依据馈线特点和 VVO 目标来使用集中和分散相结合的方法。

两种类型的方法在实现 VVO 动作上所花费的时间会不同。例如,集中式系统可以在确定控制策略时考虑更多的因素,但可能比分散系统需要更长的时间来执行。然而,集中式系统可以处理更广泛的系统条件,从而比分散系统更灵活。

②通信系统

通信系统一方面连接传感器和信息处理器(如配电管理系统 DMS),另一方面连接信息处理器和调节电压与功率因数的控制设备。大多数电力企业使用两层系统,以支持 DMS 和控制装置之间的通信。第一层连接 DMS 和变电站,由高速光纤或微波通信系统构成,也可利用现有的 SCADA 通信网络来实现这一层;第二层常用无线技术连接变电站和 VVO 设备。

将 VVO 设备与 SCADA、DMS 相连,可以有效提升电力企业调节电压及其他配电系统操作方面的能力。通信架构的设计要能够适应未来需求的增长，并具备更广泛使用传感和控制的能力，包括对馈线开关和智能电表的操作。

③电压传感器

电压传感器可以为电网运行人员提供配电网所有位置的电压信息，包括用户端的电压信息。而在此之前，这些实际电压和负载信息只能依靠操作人员通过手动测量馈线取得。

常用的两类电压传感器为：ⅰ）位于主配电系统的电压传感器；ⅱ）内置于智能电表内的电压传感器。通信网络需要从单个的传感器获取数据，同时将这些数据发送给其他设备或系统进行处理。电压传感器也可以直接与自动控制设备进行信息交互。

3）设备利用效率提升

设备利用效率的提高主要在于实现智能用电与需求响应，同时考虑接纳分布式可再生能源发电。

（1）AMI 相关的通信网络

AMI 是智能电网中的重要组成部分。图 2.21 描述了智能电表与通信网络、客户系统之间所实现的基于准确时钟的交互关系。

AMI 包括在客户处安装的智能电表、通信网络和计量数据管理系统（Metering Data Management System，MDMS）。智能电表通常是每 15、30 或 60 min 收集一次电量消费数据；通信网络从智能电表向公共后方系统传输负载数据；MDMS 存储和处理负载数据，用于账单生成、门户网站访客统计或其他用途，包括停电管理。

AMI 将间隔性负荷数据发送到后台系统进行处理并发送到计费系统。虽然通常是每月发送一次用电票据信息，但却可以每天通过后台系统收集当天的用电信息提供给客户（如通过门户网站）。这需要能够及时提供准确和可靠的数据流的通信网络。

AMI 需要管理大量的客户用电信息，在数据传输、数据处理、错误检查及与遗留系统的集成等过程中都需要解决大量的问题。

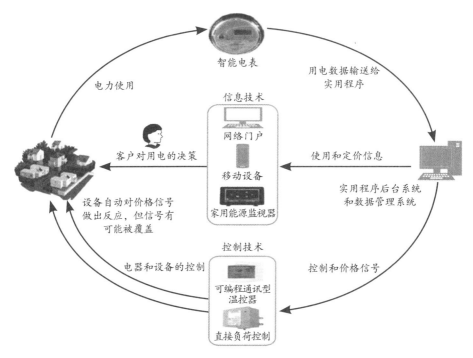

图 2.21　电能消耗和成本管理的需求侧设备及系统概览

同时，AMI 还需要以分时电价政策为基础，在电力企业和用户间采用多种方式进行价格信息的通信。例如，对某一时刻电价，如尖峰电价，只有在需求高峰达到电力企业想要通过提高电价来降低峰值的情况时，才会起作用。

（2）基于时间效益和基于激励的方案

电力消费水平在一天的不同时间和一年的不同季节都是不同的。负荷高峰期通常定义为电力消耗及其相关电力供应成本最高的几天或几年。因此，设备利用效率的提高需要减少峰值需求并将其转移到非高峰时段，这里需要使用基于时间效益和基于激励的两类方案。

基于时间效益的方案有许多形式，即可以根据一天中的不同小时、一周中的不同日子、一年当中的不同星期提供各种级别的电价。例如，通常在电力供应成本较高的时段收费较高，而在电力供应成本相对较低的时段收费较低。以下是几种基于时间效益的不同类型的电价方案。

●分时电价（Time of Use，TOU）：分时电价通常适用于跨几小时的使用时段（如夏季工作日的下午 6 个小时为高峰时段，其他时段为非高峰时段），其中各时段的价格是预定不变的。分时电价主要通过在高峰时段设置较高的电价、在非高峰时段设置较低的电价来激励用户改变用电习惯（即从高峰时段转移到非高峰时段）。

●实时电价（Real Time Pricing，RTP）：实时电价通常适用于按小时进行定价（最少可以低至 5 分钟），一天当中每小时的电价均不同。实时电价主要通过提供经济激励措施促使客户将电力消费时间从高峰时段向非高峰时段转移。

●变动峰荷电价（Variable Peak Pricing，VPP）：变动峰荷电价是分时定价和实时定价的混合定价方案，不同时期价格预先设定（如夏季工作日的下午 6 个小时为高峰时段，其他时段为非高峰时段），但不同高峰时刻的价格根据电力输送的不同成本进行多种设置。变动峰荷电价有双重目的：一方面改变用户的电力消耗的时段（即从高峰时段转移到非高峰时段）；另一方面，在系统发生极端情况（如送电成本很高或发生系统突发事件）时，能够通过提高这几天的高峰时段电价，来减少相应的用户电力消耗。

●尖峰电价（Critical Peak Pricing，CPP）：在电力企业观察或预测到批发市场高价格或电力系统紧急情况时，即在被定义为特定时段的关键事件（如夏季下午 3 点到 6 点）发生时，电力价格会提升。现有两种类型的指标：一种是当需求增加时价格上涨时间和持续时间的预测；另一种是基于电网需求的价格上涨时间和持续时间。CPP 指标主要是当系统发生一定的情况时，在一定天数内对用户进行拉闸限电。

●尖峰回扣（Critical Peak Rebate，CPR）：电力企业观察或预测到的市场批发价格偏高或电力系统处于紧急情况的时段，被定义为关键时段（如夏季下午 3 点到 6 点）。虽然这个时间段的电价与其他时段相同，但是用户需要少使用一些电量，以期在一段时间内减少电能消耗。

（3）用户系统

用户系统包括信息和控制技术，其目标是更为有效地为客户管理电力消耗和相关成本提供信息和工具，其中还包括基于时间的响应能力的提升。信息技术通过移动设备、家用显示器（IN-Home Displays，IHDs）和门户网站为用户提供关于电力消耗和成本的数据。控制技术为用户提供通过负荷控制装置来管理电力消耗的手段。

门户网站和IHDs等信息技术，试图利用更为直观的形式来展示节省能源和节约电费等的效果。这些信息可以引导用户降低峰值需求或实现节约用电。门户网站经常为用户提供电力数据分析结果，以便使用户了解历史和当前的用电信息。IHDs和移动设备为客户能够得到更为有用的信息提供了便利的手段。

控制技术包括一些客户和电力企业都能控制的设备，如恒温控制器（PCTs），还包括能够被电力企业控制的直接负荷控制（DLC）开关。这些器件通常用于自动控制客户的加热或冷却系统。此外，家庭网络和能源管理系统能够根据相应电价信号提供更好的电器自动控制方案。

（4）分布式发电接入

分布式发电接入需要通过集成管理传感器、智能电表等的信息采集，实现下一代DMS（配电管理系统）的研发，以保证含分布式发电的配电系统的优化运行。

①负荷预测

配电网的短期负荷预测工作将通过两个步骤来管理其复杂性，同时捕捉整个变电站的时空相关性。步骤一：跨区域捕捉空间和时间相关性，用适当的投入，将预测负荷和系统负载关联。步骤二：使用适当的输入捕获变电站之间的空间和时间相关性，对变电站的负载范围内的区域，连同纬向负荷进行预测。

分布式能源可以被客户拥有和使用，以满足客户的需求，从而影响到变电站负荷的大小。太阳能和风能的贡献可以在天气数据的基础上预测得到，而其他的则以价格为基础得到。

②分布式电源调度

获取能源公司所拥有的住宅需求响应（DR）资源，并建立沿馈线预测可用性下降到最低水平之后的行为模型。可采用多层优化方法解决住宅DR

问题，实现实时调度能源公司所拥有的 DR 资源。通过建立分散控制架构，如 DR 优化器，对每个节点的允许调整量进行优化，包括配电变压器、馈线首端、变电站和整个系统。此外，还需要建立通信架构，寻找同步相量设备的最优分布和权衡算法的复杂性与有效性，通过综合分析数据源和数据共享方式，降低大量 DR 基线计算障碍并优化二级网络汇聚模型，实现分布式电源的市场整合。

③先进的和自适应的保护

分析分布式能源的渗透和传统保护的不足带来的新挑战；采用数字中继和通信来发展微电网保护方案，并寻求部署保护装置的最优方案，为响应网络拓扑结构和运行模式的变化而进行实时保护验证；利用孤岛运行控制来减少关键负载停电时间；利用多类型的信息［来自新设备，如同步相量测量装置（Phasor Measurement Unit，PMU）、线传感器、智能仪表、故障指示器等］和智能开关设备进行快速故障检测、定位和中断恢复；优化保护装置选址的算法。

④最优 PMU 部署

现有技术主要集中于寻求基于一个给定的网络拓扑结构而实现充分可观测性的 PMU 配置的最小数目。未来的方法应主要实现：对于一个给定先验数目的 PMU，找到对网络拓扑最优（最小状态估计误差）的 PMU 部署（不计可观性）。

⑤状态估计模型

该模型可描述电网中可观测和不可观测主线的状态，假定 PMU 测量复数电压向量和配置位置的主线的所有线电流，从而寻求一组给定数目的 PMU 的均方状态，估计误差最小的 PMU 配置位置，最后采用 Greedy 算法和整数规划方法，寻找到最优估计性能的最佳 PMU 部署。该算法选择性地考察了复杂性与性能的权衡情况。

⑥分布式电源市场一体化策略

智能电网的特点是可实现各种实体之间的数据交换，包括客户和潜在客户的实际电器和设备。该项目旨在利用由智能电表和无处不在的监控，推广分布式电源的一体化和加强与扩大配电管理功能。综合分析数据源和数据共享是实现项目目标的第一步，可对用于建模的关键信息有更深入的了解。目前配电网络的建模是有限的，智能仪表数据（以及其他配电监测数据）可以对单个馈线及馈线集合进行更精确的建模。该类信息可用于开发与需求响应和与分布式电源资源相协调的停电预防／预测方案。这个项目旨在构建以下模型：聚合式需求侧响应预测；鲁棒需求侧响应基准计算；最优二次网络聚合模型（包括分布式电源模型）。

2. 中国的具体实践

1）配电自动化

为提升供电可靠率，改善配电网运行管理水平，国家电网公司在配电自动化方面开展了两批试点工程。第一批试点工程主要在北京、杭州、厦门和银川四个城市展开。

（1）北京

北京试点区域为原东城区和西城区，面积约 57 km^2，有 10 kV 线路 542 条，区域内以电缆网为主，电缆化率为 90%。电缆网接线方式以双环、双射为主，架空线路以多分段、多联络的架空网为主，线路联络率为 100%，线路 $N-1$ 率为 100%。对环网连接点的末端站室、线路汇集点的站室和架空线路变电站出线的第一个开关进行遥信、遥测和遥控（以下简称"三遥"）改造，对支线末端的配电室进行遥信、遥测（以下简称"两遥"）改造，对支线分段点及末端站点进行遥信（以下简称"一遥"）改造。安装"三遥"终端 373 套、"一遥"终端 859 套，实现改造自动化线路 542 条、开关站 24 座、环网柜 744 座、柱上开关 108 台。

对主站采用对原有配电主站系统进行软硬件升级的改造方案，实现了覆盖全电压等级的主、配网调控一体；通过配电地理信息系统（Geographic Information System, GIS）与配电自动化系统的集成，实现了配电网实时数据、电网拓扑、设备信息、用户资料及地理信息的高度整合；接入了智能小区的光伏发电等分布式电源的运行数据，实现了对分布式电源投／退的监视与控制；建成了配电生产运营指挥系统，集成了实时和生产运行相关信息系统，可实现生产、应急指挥、停电风险分析及预警和故障抢修等管理功能。

通信网建设以工业以太网技术为主，对无法敷设光纤的配电线路采用无线公网通信方式，并采取了网络接入点（Access Point Name，APN）和防火墙等安全防护措施。

（2）杭州

杭州试点区域为主城区环城路内，面积约 120 km²，有 10 kV 线路 161 条，电缆化率为 99.3%。电缆网接线方式以单环网、双环网和复杂多联络为主，线路联络率为 100%。通过分流部分重载线路的负荷和更换少数老旧设备，线路 N−1 率由 95% 提高至 100%。试点建设主要对环网柜的进线开关进行"三遥"改造，对出线开关进行"一遥"改造。安装"三遥"终端 380 套，实现改造自动化线路 161 条、环网柜 380 座。

对主站采取新老系统短期并存、平稳过渡的方案：一方面继续发挥已有系统（即老系统）的 SCADA 功能，实现"调控一体化"；另一方面同步建设"基于国际标准的配电自动化系统"（即新系统），实现新系统对老系统的逐步替代。对新系统按照统一标准、统一架构进行规划设计，实现了配电 SCADA、馈线自动化、分布式电源接入等功能，并通过信息交互总线与 EMS（Energy Management System，能量管理系统）、GIS、PMS（Production Management System，生产管理系统）等应用系统互联，实现了基于配电 GIS 系统的图模一体化管理、模型自动校验和信息跨安全区交互。

通信网建设以电力 EPON（基于以太网方式的无源光网络）技术为主，以中压电力载波技术为辅，同时建设了基于 GIS 系统的配电通信网集中监控管理系统，实现了具有地理空间特征的配电通信网图形化管理和通信资源的集中管理。

（3）厦门

厦门试点区域为厦门岛内，面积 134 km²，有 10 kV 线路 448 条，区域内以电缆网为主，电缆化率为 85.9%。电缆网接线方式以环网接线为主，架空线路接线方式以多分段单联络和多分段多联络为主，线路联络率为 98%。通过线路 N−1 改造和网络优化项目实施，线路 N−1 率由 93.6% 提高至 100%。

试点建设对变电站出线的第一个开关站、向重要用户供电的开关站、具备开关电动操作机构和 PT 的开关站和环网柜进行"三遥"改造，对其他站室进行"二遥"改造。安装"三遥"终端 378 套、"二遥"终端 809 套、"一遥"终端 402 套，实现改造自动化线路 448 条、开关站 77 座、环网柜 344 座、配电室 567 座、箱变 199 座。

主站建设是在原有基础上进行整合升级。充分利用原有资源，将四个分散主站整合为一套集中的主站系统，实现了配电 SCADA、馈线自动化、网络拓扑、统计分析等功能，整合了配网调度机构，统一了配网调度管理。以 ESB（企业服务总线）方式完成 GPMS（基于地理信息的生产管理系统）与配电自动化及相关应用系统的互联，实现实时信息和管理信息的共享。基于 GPMS 构建停电管理系统，扩展配电自动化系统的应用功能，为配电调度、生产运行及用电营销等业务的闭环管理提供技术支持。

配电通信采用光纤工业以太网和 EPON 两种技术，以满足"三遥"自动化终端的通信需求；对实现"二遥"的配电设备采用无线公网通信方式。建成配电通信监控系统，实现综合监视、动力环境监视、光缆监测等功能。

（4）银川

银川试点工程为整体新建工程，试点区域 120 km²，有 10 kV 线路 186 条，区域内以电缆网为主，电缆化率为 71.4%。电缆线路为单环网和双环网结构，架空线路采用多分段多联络的接线形式，线路联络率为 98%。通过网络优化、增设电源线路等手段，完善网络结构，对部分负荷较大的线路进行负荷调整或分流，线路 $N-1$ 率由 92% 提高至 100%。对开关站、架空干线联络开关、主干线环网柜进行电动操作机构改造，以实现"三遥"功能。安装"三遥"终端 526 套，实现改造自动化线路 186 条、开关站 26 座、环网柜 368 座、柱上开关 126 台。

主站系统建设遵循 IEC 61970/61968 等国际标准，以 SCADA 为基础，以配网调度作业管理为应用核心，强调信息的共享集成及综合利用。这实现了配网流程化的业务管理；实现了馈线自动化、拓扑分析、负荷预测等功能，同时建设了基于 IEC 61968 标准的企业统一信息交换总线；实现了与

EMS、PMS 和用电信息采集系统的交互，有效提高了各应用系统集成和信息交互水平，实现了资源整合。

通信建设充分利用现有电缆通道资源，子站与终端之间采用电力 EPON 技术，通信组网采用"手拉手"保护方式，光纤覆盖全部配电自动化终端并向下延伸至配变台区。

通过配电自动化的实施，各试点区域的相应配网运行经济技术指标均得到了不同程度的提升和完善（见表 2.16）。

表 2.16　配电自动化改造后的指标

指标	北京		杭州		厦门		银川	
	改造前	改造后	改造前	改造后	改造前	改造后	改造前	改造后
N-1率（%）	100	100	95.0	100	93.6	100	92.0	100
供电可靠率（%）	99.986	99.995	99.990	99.995	99.944	99.990	99.952	99.990
线损率（%）	3.96	3.06	2.50	2.20	3.88	3.25	10.50	4.80
电压合格率（%）	99.990	99.994	99.734	99.924	99.310	99.980	99.080	99.570
平均倒闸操作时间（min）	45	5	34	3	50	3	25	2
平均故障隔离时间（min）	53.0	1.5	53.0	5.0	30.0	5.0	96.0	5.0

注：平均故障隔离时间是指平均故障隔离及非故障区域恢复供电时间。

在第一批试点工程的基础上，国家电网公司还选取了天津、唐山、石家庄、太原、青岛、上海等 19 个重点城市作为第二批配电自动化试点。具体开展的试点工作如下。

（1）配电一次设备改造

试点单位借鉴第一批配电自动化试点成果，统筹考虑配电自动化的建设需求，将配电自动化建设与配电网建设改造相结合，在配电一次设备与自动化设备建设过程中遵循"同步设计、同步施工、同步投运"的原则，协调推进配电自动化试点的建设工作。

在实施区域和建设规模方面，选择在配电网网架结构布局合理且成熟稳定的核心区域开展配电自动化，区域内供电可靠性指标（RS3）均已达到99.9%以上，避免因实施配电自动化而进行大规模配电网网架改造和设备更换，并根据配电自动化建设基础条件和供电可靠性要求，合理选择建设规模。

配电一次设备改造方面，试点单位结合配电自动化应用需求，对试点区域内不满足 $N-1$ 率要求的部分线路进行了网架优化改造，适当增加线路联络点和分段点，通过加强线路间联络，完善网络结构，增强线路间互供能力，提高供电可靠性。对试点区域内不满足配电自动化要求的开关站、环网柜、配电室、柱上开关等设备进行改造，选择性地加装了电流互感器（Current Transformer，CT）、电压互感器（Potential Transformer，PT）、电动操作机构等装置，为实施配电自动化数据监测、故障报警/处理创造条件。同时，通过设备改造，增强了配电设备的可靠性和免维护性，提高了配电设备质量。

工程建设过程中，针对配电设备改造和终端安装现场施工时间长，影响供电可靠性的问题，试点单位积极采用多种技术和管理手段，探索了缩短建设工期、减少停电时间的施工改造方法。

（2）配电自动化主站建设

试点单位根据各地区的配电网规模、应用需求和发展规划，合理配置了主站系统软硬件，充分考虑系统可靠性、开放性、可扩展性和安全性要求，合理利用原有设备资源，对主站系统进行建设与改造。这使得各试点单位主站系统均已实现《配电自动化主站系统功能规范》要求的基本功能，并选择性地实现了部分扩展功能。

第二批试点单位新建主站加强了对集中型馈线自动化功能的研发，对复杂故障情况下的定位、故障处理策略、自动故障处理，以及信息漏报时和开关拒分时故障处理的容错性等方面进行了重点完善，主站系统功能适用性和可靠性得到进一步增强。

试点单位主站系统在实现配电网运行监控等基本功能的基础上，逐步深入探索其扩展功能在配电网生产管理中的应用，研究了扩展功能中如负荷转供、潮流计算、解合环分析等应用需求，提升了配电自动化扩展功能的应用效果。同时，利用信息交互总线从上级调度系统导入上级电网信息，从 GIS/PMS 系统导入中压配电网信息，并在配电自动化主站系统完成模型拼接，构建了完整的配电网分析应用模型，为扩展功能有效应用提供了基础条件。

（3）配电终端建设

试点单位根据实际网架结构、设备状况和应用需求合理选用和配置配电自动化终端，对网架中的关键性节点，如架空线路联络开关、进出线较多的开关站、配电室和环网单元，采用"三遥"配置。部分单位还对重要配电室所配置了"遥视"功能。对网架中的一般性节点，如分支开关、无联络的末端站室，采用"两遥"或"一遥"配置；分支线上，安装"看门狗"、故障指示器等设备，有效扩大了配电自动化实时信息覆盖范围，为配电网生产指挥和调度运行提供了可靠的数据支撑。

在系统安全防护方面，严格按照电力二次系统安全防护相关规定，开展主站系统建设及其与相关系统的信息交互工作。根据国家电网公司《中低压配电网自动化系统安全防护补充规定（试行）》要求，试点单位均研究开展了遥控加密改造工作。

（4）配电通信建设

试点单位实现了以 EPON、工业以太网等光纤通信方式为主，电力载波和无线公／专网为补充的灵活多样的配电通信组网。建设过程中，部分试点单位针对城市核心建成区地下管网复杂、现有可用通信资源相对不足的现状，以及配电通信业务需求安全性要求高的困难，采取了通信线路与配电线路建设改造同步实施的策略，有效提高了配电通信网的建设速度。

（5）信息交互与应用

试点单位在配电自动化系统建设过程中，建设了遵循 IEC 61968 标准的信息交互总线，定义了标准和统一的数据交换模型，开发了系统间的规范化接口；并根据自身信息化建设基础条件，逐步与 EMS、PMS、GIS、营销管理系统、95598 客服系统、用电信息采集系统等应用系统开展了信息交互与功能整合，不同程度上实现了配电自动化系统与相关应用系统的综合性应用，为实现信息化、自动化、互动化的智能配电网提供了技术手段。

2）带电检测与状态检修

（1）标准体系

2011年7月以来，国家电网公司颁布了一系列推进状态检修的文件，包括《国家电网公司配网状态检修管理标准（试行）》《国家电网公司配网状态检修工作标准（试行）》《国家电网公司配网设备状态检修试验规程》（Q/GDW 643—2011）、《国家电网公司配网设备状态检修导则》（Q/GDW 644—2011）、《国家电网公司配网设备状态评价导则》（Q/GDW 645—2011）、《配网状态检修辅助决策系统功能规范》（生配电〔2012〕65号）、《配电网设备缺陷分类标准》（Q/GDW 745–2012）等，建立了比较完善的配网状态检修标准体系。

（2）设备状态评价

输变电设备状态检修工作自2007年全面推广以来，取得了显著的成效。近年来随着公司"大检修"体系的建设，国家电网公司系统有关省市公司和科研单位在充分借鉴输变电设备状态检修工作的基础上，结合配网特点，在配网状态检修方面进行了有益的探索和试验，力求将配网检修模式由故障检修、缺陷检修转变为状态检修。

国家电网公司于2007年率先在110 kV及以上断路器、变压器和输电线路三大类输变电设备上开展状态检修试点工作；2010年推广至所有110 kV及以上输变电设备；2011年推广至35 kV及以下配电设备。

（3）配电网带电检测

配电网带电检测应用较多的城市和地区主要包括北京、江苏、浙江、湖北、上海等，主要检测对象集中在大城市的配网设备。目前，检测技术手段主要集中于红外测温、超声波与地电波局部放电检测，而对于设备故障率较高的架空线路、断路器机械故障，检测技术手段较缺乏。

3）智能用电

在智能用电方面，主要围绕电动汽车充换电设施、用电信息采集、电力光纤到户、智能家居、智能园区等方面开展试点示范项目建设。

（1）电动汽车充换电设施建设

目前，中国针对各类充换电方式，都已经有成熟的技术方案。考虑到当前电动汽车发展实际情况，现阶段以换电为主、插充为辅；未来电池技术突破后，可根据智能电网技术发展和电动汽车市场需求变化，满足电动汽车市场化发展对充换电的要求。

国家电网公司分两批进行了电动汽车充换电设施建设，第一批安排建设50 座充电站，第二批安排建设 25 座充电站和 6 209 个交流充电桩。同时，国家电网公司还在浙江、苏沪等地区建设充换电服务网络。目前，国家电网公司已经建设了 383 座充换电站，15 333 个充电桩，覆盖 26 个省区市。

在电动汽车充换电设施方面比较典型的工程包括：①浙江充换电服务网络。该网络共有 128 座充换电站，实现了杭州等五市城际互联，服务于约 700 辆电动乘用车，其中出租车 290 辆，目前累计运营里程已达 2.552×10^7 km。②苏沪杭城际互联示范工程。工程包括上海、苏州和杭州间多条高速公路 5 个服务区的 9 座智能充换电站，所服务的车辆可实现跨省行驶，目前累计运营里程超过 5×10^4 km。③青岛薛家岛智能"充换储放"一体化电站。该示范电站集"充换储放"于一体，服务于 200 辆公交车，累计换电超过 17.6 万车次，车辆行驶里程超过 2.288×10^7 km。

（2）用电信息采集系统

通过试点及推广建设，国家电网公司完成了 27 个省区市的用电信息采集系统主站建设，累计实现 1.66 亿户用电信息的采集，建成了世界上规模最大的 AMI 应用系统。

用电信息采集系统建设推动了系统主站、采集终端、智能电能表、通信组网、自动化调试维护等相关系统设备和技术的研发与应用。研发并使用的智能电能表可以实现分时计量，适应阶梯电价，支持电价变化；支持远程抄表，远程控制；支持预付费，电量、电费余额不足时自动报警；具备双向计量、双向控制功能，支持分布式能源接入。

（3）电力光纤到户

在输送电能的同时，国家电网公司通过电力光纤到户，利用智能交互终端、智能交互机顶盒等通信设备，为终端用户传播互联网、电信、广播电视信号。电力光纤到户还支撑用电信息采集、小区配电自动化、分布式电源接入、需求侧响应管理等智能电网业务应用，并提供其他增值服务。目前，国家电网公司的电力光纤到户已覆盖28.7万户，覆盖21个省区市、40个城市、235个小区。

以上海为例，通过电力光纤到户，支撑用电信息采集、小区配电自动化等智能电网配用电业务，并打造"互视通"品牌为用户提供增值服务，已发展宽带用户20 408户，视频用户5 877户。

（4）智能小区／家居

为满足多样化用电需求，增强电网综合服务能力，提升营销服务水平，国家电网公司建设了28个智能小区，集中应用了低压电力通信网络、用电信息采集、智能用电服务、配电自动化、电动汽车充电设施、分布式电源、三网融合等技术内容。

在智能小区中，国家电网公司还通过智能终端等设备提供双向交互服务，可实现的功能包括提供客户信息查询、受理客户多重业务、提供客户用能策略、提供客户多渠道缴费等。

（5）空调调控实证

根据国家发改委的要求，国家电网公司还开展了空调调控实证研究。在北京、上海、重庆选择了商业楼宇和居民用户，为其安装了空调负荷调控系统，实现了电网负荷高峰时段对试点用户空调系统的合理、适度调控，验证了空调负荷调控的技术可行性和削峰效果。

四、重要启示

建设城市智能电网是建设智能电网的重点环节。建设城市智能电网需要在网架结构、设备水平、通信技术等方面开展深入的技术研究，并结合国内外城市电网现状，进行需求分析，建立一套适用性强、兼容性好的开放标准体系。政府应充分发挥引领作用，出台积极推动城市智能电网发展的政策，使城市智能电网发展战略与国家发展战略及能源战略相衔接，在城市智能电网规划与建设中给予产业政策扶持、资金扶持等，为城市智能电网的发展创造良好的外部环境。

未来数字化社会对供电的安全性、可靠性和电能质量的要求日益严格，大规模地接入分布式电源是一个理想的解决方案，也是城市智能电网的一个急需突破的发展瓶颈。

配电自动化和高级配电自动化对提高供电可靠性和资产利用率的贡献很大；其作用是多方面的，特别是在提高管理水平、管理效率和用户服务水平方面效果十分明显。

高级资产管理配合高级配电自动化和高级量测体系，可以从城市电网的规划、建设、运行、检修维护等各个方面入手，实现电气设备的利用率、能源综合利用效能的最大化。

电动汽车作为建设城市智能电网的一个切入点，不仅可以拉动市场，提升公众对城市智能电网的认可程度，还可以作为分布式储能系统，成为调整城市电网负荷的一件利器。

今日之城市电网面临着巨大的挑战，为应对这些挑战（提高资产利用率，提高可靠性和电能质量，以及适应分布式电源的接入和节能降损等），需要建设城市智能电网。在我国实施城市智能电网发展战略，不仅能使人们获得安全、可靠、高质量、高效率和价格合理的电力供应，还能提高国家的能源安全保障能力，改善环境，推动可持续发展，同时能够刺激市场和激励创新，从而提高国家经济的国际竞争力。

第3章

iCity

城市智能能源网

一、各国城市能源网发展现状

（一）美国

《美国清洁能源安全法案》规定，美国到 2020 年时的温室气体排放量要在 2005 年的基础上减少 17%，到 2050 年减少 83%，同时要求，到 2020 年，电力部门至少要有 12% 的发电量来自风能、太阳能等可再生能源。2009 年，美国颁布《美国复苏与再投资法案》，为新能源目标的实现提供了必要的资金保障（如图 3.1 所示）；能源部门可以使用的资金为 380 多亿美元，其中 45 亿美元用于智能能源网络的建设，包括智能网投资、智能网示范、智能网协调运行、资源评估、劳动力培训等。这一法案的具体内容包括：①能耗天气调节。能耗天气调节项目将帮助超过 650 000 户低收入家庭提高家庭能源使用效率，缩减其在能源消耗上的开支。这一项目预计将为每户家庭每年节省 347 美元的能耗支出。②电动汽车项目。先进的电动汽车产业起步于美国。先进的电动汽车起步于美国。2016 年，美国新能源乘用车销量接近 16 万辆。特斯拉公司与日本松下公司合作筹建超级电池工厂，预计每年可生产 50kMW·h 的电池组，到 2020 年每年可为 50 万辆电动汽车供应电池。③可再生能源计划。每年将有超过 100 万户的家庭使用可再生能源，这相当于波士顿、西雅图、亚特兰大、堪萨斯与辛辛那提居民的总和。④升级智能电网。建设更加稳定、安全的全国电网体系，使得可再生能源的并网不影响主电网的运行，且用户能够更好地管理家庭中能源的使用。将有超过 1500 万只智能电表被接入电网中。⑤ARPA-E（美国能源部先进能源研究计划署）项目。ARPA-E 项目将用于资助那些高风险、高投资的研究项目，从而满足国家的长远能源战略需求。在第一期投资中，将有超过 2 亿美元用于 37 个项目的研究。

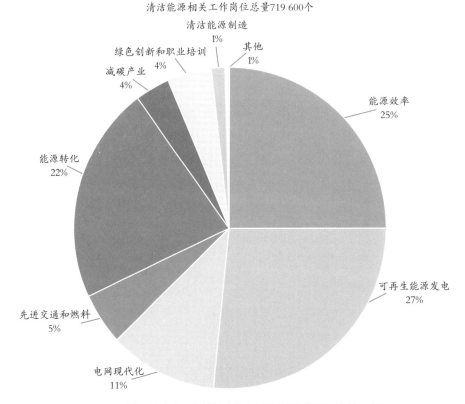

图 3.1 《美国复苏与再投资法案》有关清洁能源相关工作的比例

● "奥林匹克半岛"项目（如图 3.2 所示）：该项目由美国能源部太平洋西北国家实验室在西雅图西部的奥林匹克半岛进行试验。112 户家庭安装了数字自动调温器和电表，计算机控制器直接与热水器和干衣机连接，而这些控制器又与因特网连接。人们可以在网上设置理想的温度，或确定自家的温度究竟应该高出或低于标准温度多少，这些数据也表明他们对电力价格波动的承受力。这些家庭每天都被要求在"省钱"和"舒服"的选择中做决定。研究结果显示，如果家庭用数字工具来设置温度和理想的价格，那么，家庭电费平均会减少 10%，公用电网的高峰负荷每年会减少 15%。美国计划先由国家智能网络鼓励政策将数字工具推广至 60 000 户家庭；如在美国推广开来，可节省电力生产和输送费用 1 200 亿美元。

图 3.2 "奥林匹克半岛"项目

● EDISON 电动汽车项目（如图 3.3 所示）：EDISON 项目的目标是将大规模使用可再生能源的电动汽车作为城市的一种公共基础设施建设进行发展，使其成为可再生能源整合利用和分布化、开放式能源网络的重要组成部分，从而达到规模化利用可再生能源的目的。

图 3.3 EDISON 电动汽车项目

（二）欧盟

早在 2007 年，欧盟提出并着手实施智能城市建设计划。欧盟制定的"智能城市"评价标准包括六个层面：智能经济结构、智能城市环境、智能城市治理、智能城市机动性、智能生活和智能公民。

评估结果显示，瑞典、芬兰、荷兰、英国、卢森堡、比利时和奥地利等国家的城市智能程度比较高。欧盟国家在通过改善交通促进节能减排方面有值得借鉴的地方。

北欧国家在智能交通方面的设计尤为抢眼。以瑞典首都斯德哥尔摩为例，该市建立了世界上首个智能交通管理系统，并在交通拥堵治理方面取得了显著成效。通过在市中心繁忙道路上加装具有射频识别、激光扫描和自动拍照功能的智能监视器,实现了对通行车辆的自动识别;并出台交通法规,在周一至周五繁忙时段(6:30—18:30)对所有进出市中心的车辆收取拥堵税,通过价格杠杆使交通拥堵水平降低了25%,温室气体排放减少了40%。

同样,在丹麦首都哥本哈根,绿色交通在这个"自行车王国"也是卓有成效。为鼓励市民使用碳排放量较少的轨道交通,市政府通过统筹规划公共交通线路,保证市民在步行1 km范围内就能乘坐轨道交通。当然,在1 km路便捷圈内,居民主要还是依赖常用的自行车工具。市政府不仅打造了专用的"自行车高速公路"和沿途配套服务设施,还为自行车提供射频识别或全球定位服务,通过信号定位系统保障居民出行通畅。

实施智能交通是保证城市交通可持续发展的重要手段,不仅有利于道路交通的控制与管理,也可极大地减少环境污染,有利于环境保护。英国的智能交通系统研究和应用水平处于欧洲乃至世界的前列,由英国运输研究所开发的SCOOT系统是当今最先进的智能交通系统之一。该系统是一种可实时协调控制的交通信号控制系统,通过在路面下埋设传感器,采集道路车辆流量信息,反馈给控制中心大型计算机进行分析处理,从而实现交通信号的实时控制。根据合理布置传感器,该系统能估算车辆预计到达信号灯路口所需的时间,以及前方车辆排队等待信号的时间,从而根据实际路况实时控制信号。该系统最新版本还可以支持公交优先、自动的SCOOT交通信息数据库(Automatic SCOOT Traffic Information Database)、车辆事故检测系统和车辆尾气排放量估算系统等。英国不仅通过建设智能交通系统来实现减少二氧化碳排放,还大力推广可再生能源替代传统的化石燃料,以实现低碳交通(如图3.4所示)。近10年来,英国的道路交通能源对化石燃料的依赖一直保持稳中有降的趋势,而生物质燃料的应用比例不断增加,呈明显的上升趋势。

2011年,欧盟发布了"2050能源路线图",即实现欧盟到2050年碳排放量比1990年下降80%~95%这一目标的具体路径。欧盟将通过四种路径的组合来实现该目标:提高能源利用效率、发展可再生能源、使用核能,以及采用碳捕捉与储存技术(CCS)。欧盟委员会设计了不同的情景,以预测不同的能源如化石能源、核能及可再生能源在未来所占的不同比例。这几种情景的最终结果都可实现减排 80%~95% 的目标。在路线图中，可再生能源将扮演极其重要的角色。欧盟预计，到 2050 年，其可再生能源占全部能源需求的比例将从 2005 年的 10% 上升到 60% 以上（如图 3.5 所示）。为了完成减排指标，欧盟各国都出台了相关政策措施。

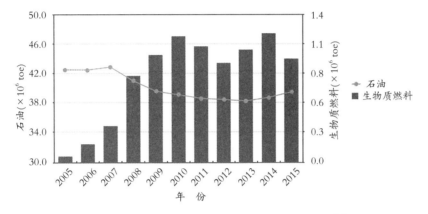

图 3.4　2005—2015 年英国道路交通能源消耗变化趋势[1]

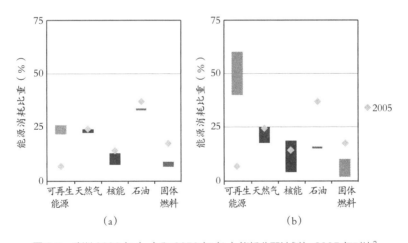

图 3.5　欧洲 2030 年（a）和 2050 年（b）能耗分配计划与 2005 年对比[2]

---

[1] https://www.gov.uk/government/statistical-data-sets/tsgb03，2016-09.
[2] European Commission Energy—2050 Energy Strategy，https://ec.europa.eu/energy/en/topics/energy-strategy/2050-energy-strategy

2010 年，英国发布了"2050 能源网络路线图"（如图 3.6 所示）。政府计划投入 86 亿英镑，在全国范围内安装约 4 700 万只燃气和电力智能表计，初步建立燃气和电力为主的智能能源网络。这项计划预计在未来的 20 年可以获得 146 亿英镑的收益。

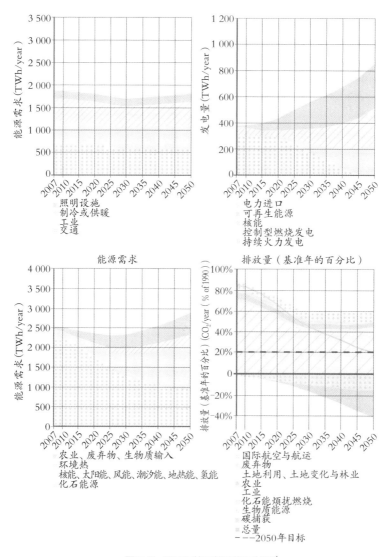

图 3.6　2050 英国能源发展战略[1]

---

[1] 英国政府网，https://www.gov.uk/guidance/2050-pathways-analysis

第一阶段（2010—2020 年）：通过大规模投资，满足近期的智能能源系统需要，着手建立可行性的备选方案，为以后大规模的研发提供方案和数据支持。

第二阶段（2020—2050 年）：2008 年，英国温室气体排量相较于 1990 年的水平已经减少了 22%。2011 年，英国政府着手开展 2023—2027 年的第四次碳预算准备工作。然而，2020 年后能源问题具有很大的不确定性，包括世界减排趋势的改变、能源消耗比重、能源的进出口问题和国际碳信用额等。考虑到未来难以预测，而且科学技术的发展对脱碳减排会产生重大影响，英国需要在实现减排目标的同时，保障能源安全和满足能源需求，以确保英国能够在全球脱碳趋势中把握经济发展机会。

德国在 2008 年就由联邦经济和科技部（BMWi）推出了"E-Energy"促进计划，计划投资 1.4 亿欧元。这项计划旨在促进和发展以信息和通信技术（ICT）为基础的未来能源系统，为未来实现整个能源供应系统的智能一体化建设创造先决条件。该计划充分利用先进通信技术打造包括智能发电、智能电网、智能消费、智能储能等四个子网络的能源互联网。以实现智能交通为例，可以通过智能网络，向用户报告车辆的确切位置、电池使用状态、特定时刻车辆需求的充电水平等；可以帮助车主向电动汽车发出指令，以最低成本充电，或者只采用"绿色电力"为电池充电（如图 3.7 所示）。

图 3.7　德国"绿色电力"愿景图[1]

---

[1] http://www.e-energy.de

用户甚至可以通过 E-Energy 中的储能系统，从储能电池中获取剩余电力返送给电网，为用电高峰时段提供有效的补充。

能源互联网针对传统能源系统中的各个利益相关单位，有效协调了包括发电厂、电力输配公司、电力消费用户在内的利益相关者。如同即插即用的电脑应用程序，每个通过智能电网接入智能能源系统网络的设备或装置，可以被合理添加到控制系统中，从而构成有机和谐的、具有全新功能的能源网络。

在新的智能能源系统中，过去我们司空见惯的电表将被"智能电表"替代。在能源互联网中，智能电表不仅具备计价功能，而且还能提供电能消耗、电网质量等网络节点所需信息，对电力生产、电网负荷、电力消耗进行自动调节，从而有助于降低用电高峰时的电力需求，减轻电网负荷，确保电力供应安全。

在 E-Energy 系统中，还设立了能够依据天气条件预测电力消耗和电力生产情况的预告系统。根据官方发布的天气预报信息，智能能源系统一方面将相应的电力生产价格信息发送给消费用户（家庭和企业），另一方面发送给能源生产者的集中控制系统。这样，消费者和生产者就能将根据市场价格状况，对自己的消费和生产行为进行动态调整，做出及时反馈。根据反馈信息，当进入用电负荷高峰时，系统网络能够自动协调小型热电联产系统的循环，或者提供蓄电系统进行补给。

马耳他国土面积为 316 km^2，人口为 40.6 万，是欧洲人口密度最大的国家。其能源供应几乎完全依赖于矿石燃料的进口。马耳他年发电量为 2.11×10^8 kW·h，耗电量为 1.96×10^8 kW·h，每天消费原油近 2 万桶。马耳他智能能源网络构建如图 3.8 所示。

由于马耳他 60% 以上的饮用水来自海水淡化系统，因此电力水平直接关系到国民的饮水安全。2008 年，马耳他政府将原有的电力及水力部门进行整合，使马耳他成为世界上第一个实施"终端—终端"的智能电力和水务运行系统的国家。25 万只智能交互式仪表实时监控电力使用情况，确定不同费率，并对节能与节水用户进行奖励。国家智能能源网的建设减少了温室气体排放，降低了家庭的能源开支，使公民能够智能化地选择使用何种能源或何时使用能源。马耳他人均能源耗费量是欧盟均值的 70%，人均电力耗费量是欧盟均值的 90%。马耳他智能能源网络（如图 3.8 所示）实施步骤分为三部分：①建立智能能源网络的价值链。将原来僵化的输配网络更新为动态、自动化的能源运输系统，由能源公司为用户就近提供实时详细的能源使用信息，在节能减排的同时，保证充足、经济、高效的能源供应。②整合公用事业企业系统。③构建智能化能源网络。

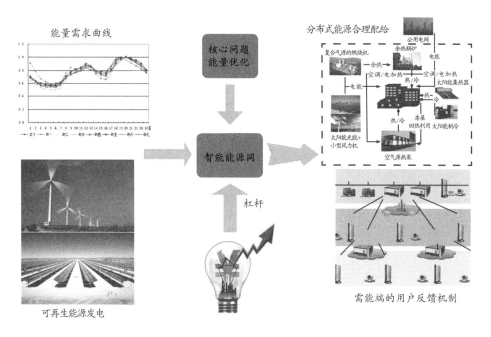

图 3.8　马耳他智能能源网络示意

在欧盟第七框架协议的支持下，部分欧盟国家计量院和欧盟委员会计量研究所很早就开始了有关智能燃气网的研究，例如奥地利国家计量研究所联合燃气、电力公司开展了燃气网的智能化输配研究。2009 年，欧洲计量联合研究计划中发布了 "Metrology for Smart Gas Distribution Grids" 项目，旨在支持可持续发展的欧洲能源体系，提出智能化精确计量天然气，通过智能电网来提高电厂效率相关的监测技术。通过为燃气输配网络单元加装智能化计量装置，准确测量流量、压力、温度等参数，并将获得的数据反馈到系统进行综合分析，从而优化网络输配方案。

2011年，在丹麦首都哥本哈根召开了欧洲燃气技术大会年度会议。此次会议对智能燃气网的高质量性能和管网"柔性"特征进行了研讨，其中包括燃气网与其他能源产品的生态组合、管网扩展、联合利用、参数实时监控、市场数据共享、网络互动等。会议还对燃气网应用领域，例如建筑用燃气热泵、辅助废热发电、燃气冷热电三联供系统、燃料电池、燃气制冷、双燃料应用、燃气动力汽车等进行了关于管网可持续供应的分析，对智能燃气网的运行与安全管理，特别是与电、热、冷等网络的互动、储存、监控和管网优化提出了建设性意见和建议，比较全面地提出了智能燃气网的概念与内涵，强调了智能燃气网的技术重点及与其他能源品种的协调关系。

2014年，位于荷兰阿纳姆的荷兰水利公司 Vitens 启动了智能水务工程。Vitens 公司联合欧盟其他21家公司，计划投资1 200万欧元，率先打造欧洲的智能水务网络。该项目计划分别在荷兰、英国、法国和西班牙建立四个国家级示范点，通过开发新型配水系统，提出智能化的管理集成方案来解决泄漏控制、供水管理、能源升级和管网老化问题。目前，欧洲供水管网总长大约 350×10^4 km，预计每年需要投入200亿欧元用于维护和升级。

另外，为了使能源更加"绿色"，冰岛的 Green Earth Data 与 Greenqloud 公司，依靠冰岛丰富的地热与水电资源，为公司的数据中心提供100%的可再生能源。

（三）日本

日本的自然资源相对匮乏，但人口密度大，经济水平高。该国经常受到地震、台风等自然灾害的影响。因此，如何确保高效、安全的能源供应是日本亟待解决的难题。尽管近年来日本年能源消耗总量随着经济形势徘徊不前，但日本福岛核电站事件给日本能源供应结构带来了巨大的变化；随着社会各界对核能利用的抵制，2011年日本核能使用率下降了44.3%。2011年夏天，震后的东京电力缺口达到了 8×10^6 kW·h。因此，如何填补核电供应的短缺是日本能源策略及能源安全的重中之重。建立高效节能的能源智能社区或许是解决这一问题的出路。

发展智能能源也被列入了日本的能源战略。日本政府提出了绿色 ICT （Information Communication Technology）"三步走"战略：第一步是实现 Green of ICT（ICT 产业内部的绿色发展）；第二步是 Green by ICT（通过 ICT 技术促进其他行业的节能减排）；第三步是将现有的成熟模式进行国际化推广，促进全球范围的智慧能源建设。

日本北九州智能社区的主要特点是大量使用风能、太阳能、潮汐能等可再生能源（如图 3.9 所示）。家庭、商业、办公建筑，以及工厂都装有发电设备来产生电能，从空间上充分、有层次地利用尽可能多的资源。但是，可再生能源并不稳定，其发电量受天气变化影响很大。在智能社区中，就需要通过信息网对电网需求侧及供应侧进行调节，来达到电能高效稳定的使用。例如，在炎热的夏季，由于制冷机的过度使用，用电需求往往超过预期，控制

图 3.9　日本北九州智能社区

中心就会向用电家庭发送信息，提示其缩减电能消耗并更多地使用例如光伏板产生的电能；根据个人预先设定的节能程序，一些家用电器会进入节能模式或者停止运行；同时，光伏板产生的电能或者电动汽车蓄电池中的电能也会被用来补充供电。通过自动控制系统，节能优化模式将为每个家庭缩减电费开支（如图 3.10 所示）。

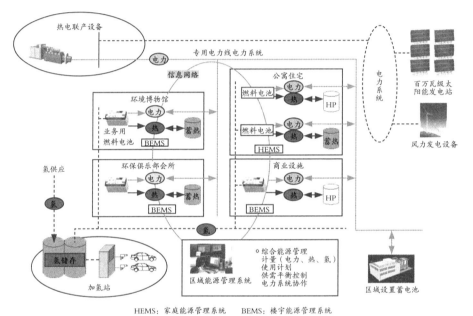

HEMS：家庭能源管理系统　　BEMS：楼宇能源管理系统

图 3.10　日本北九州市智能社区系统示意

我们可以看到，在智能社区中，电动汽车不再仅仅是一个耗能的机器，它同时也成了电网中的蓄能装置。通过电动汽车的蓄电池，我们可以将夜间风力发电所产生的过剩能量存储起来，并在白天最需要的时候将它输回电网（如图 3.11 所示）。

智能社区不仅需要电能，还需要其他各种各样的能源，如工厂和电站中释放出的热能、工业过程中生产的氢气等。在智能社区中，所有这些都是通过发达的通信技术相互联系在一起的，从而确保了社区内资源被充分合理地利用。

2011 年日本东部发生地震后，日本 NHK 公司播放了一部颇受关注的纪录片《世界新能源霸权争夺战》。剧情以日本地震灾后进行重建为切入点，为观众展示了可能出现的世界新能源领域的竞争格局。

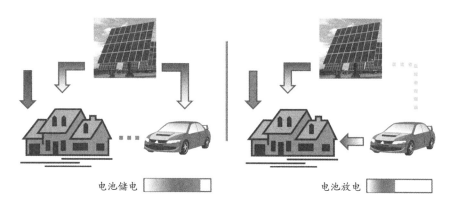

图 3.11 电动汽车在智能社区中的充电和放电

作为地震的重灾区，日本福岛的一切将从零开始。城市的重建工作被认为是采用新兴技术打造先进智能都市的绝无仅有的机会，而距离福岛核电站仅 40 km 的相马市成了"幸运儿"。相马市在大地震前主要依赖渔业和农业，由于地震引发的海啸，其支柱产业受到毁灭性的打击。因此，新能源产业成为该市震后重建的重大复兴计划。他们计划在被海啸冲毁的耕地上铺设太阳能电池板进行规模化发电，获得的电能用来供给水产加工厂，同时为室内种植蔬菜的工厂进行供电。这个计划激发了诸多日本企业的兴趣。

很快，位于茨城县日立市的日立公司就开始制定面向智能化社区的智能能源解决方案，包括风能、电能、大型蓄电池的组合系统，利用 IT 技术对电能进行控制和调配，运用这个系统尽可能地实现社区内的能源自给。该系统是以智能社区为服务目标的，而将智能社区扩大，就成为智能城市。

（四）新加坡

新加坡在节能减排方面有两个国家级的目标：①到 2020 年，温室气体排放量较 2005 年减少 16%；②到 2030 年，能源强度相比 2005 年减少 35%。为了提高能源效率，新加坡成立了能源效率计划委员会。能源效率计划委员会是由新加坡国家环境局和能源市场管理局领导的、多机构的委员会，包括经济发展局、陆路交通管理局、建设局、建屋发展局、新加坡咨询通信发展管理局、新加坡科技研究局。新加坡环境及水源部和贸易与工业部也加入了该委员会。委员会的职能主要包括：①促进能源效率和能源需求服务；②开发人力和公共机构能力；③促进新兴能源效率的技术和创新；④促进国际能源效率。

新加坡在下一代能源网络的通信建设上，具有超前的建设规划。新能源电网公司电力通信网、无线网络应用广泛，建立完善了资产设备管理、数据采集及监控、电能质量监测、设备状态监测、地理信息等多个横向、纵向的信息化系统，在智能化电网中发挥了至关重要的作用。通过将整个生产运作流程固化到信息系统，可以确保数据真实、准确、及时、可用，来源唯一，保障了管理机制的高效运转。

同时，新加坡政府为研究智能电网和智能能源网建设，投资3 800万新加坡元（约合2 763万美元），建设了裕廊岛智能电网试验中心。它是当今全世界规模最大的微电网实验基地，主要进行智能电网、可再生能源并网、生物燃料电池及电动汽车充电的研究。

（五）中国

目前，中国的智能电网建设工作全面展开。其中，国家电网公司在全国14个省的20个城市进行电力光纤试点建设，共覆盖约4.7万用户。在企业层面，自国家电网公司发布智能电网两项新规划以来，许多相关企业表示出极大的兴趣，包括中国西电、许继电气、东方电气等在内的能源设备领域上市公司正在积极参与国家电网智能电网设备制造和供应的招标。

智能电网只是智能能源网的一部分，中国正在筹备建设规模更大的智能能源网。2009年，国家发改委、国家能源局与中国国际经济交流中心签订"十二五"智能能源规划课题研究合同。该课题在河北唐山和上海浦东论证了智能能源网的可行性。其中，上海张江高科技园区被选作浦东智能能源网规划与实施的示范区，许多支撑智能能源网的关键技术正在张江进行工程性验证实验。以正在进行商业运营实验的超级电容公交车为例。在张江科技园某公司附近，人们会发现有个外观上比较抢眼的"公交站"，这个站点停靠的不仅有常见的普通公交车，还有"绿色电车"。实际上，这座公交站装配了超级电容充电装置，站点的上方装有充电架（如图 3.12 所示）。现在经过技术改装后的新型超级电容车，整车电能储存设备性能得到极大的优化，不仅电池体积变小了，约为原来的 1/3，而且重量大大减轻了，从原来的 1 t 下降到 0.6 t（如图 3.13 所示）。新型储能系统的蓄电能力明显提高了，电池的功率密度也大大提升。经过实际运行测试，新型超级电容车每充电一次，仅需要 2~3 min，在不使用空调的情况下，可持续行驶十几公里，完全可以利用乘客上下

图 3.12　超级电容公交车[1]（动力由装在车身下的高能量超级电容器蓄存的电能提供）

图 3.13　超级电容储能式公交车[2]

[1] http://www.stcsm.gov.cn/xwpt/kjdt/336230.htm
[2] http://www.macaodaily.com/html/2015−04/17/content_990789.htm

车的时间轻松完成充电，使得车辆的环保性、机动性大大增强。这样一辆"零排放"的绿色电车，对上海这类大型都市的公交系统来说，具有很强的推广价值。

中国具有示范意义的四个天然气分布式能源站工程于 2012 年开工。这四个首批示范项目分别为：华电集团位于江苏的泰州医药城楼宇型分布式能源站工程，项目规模 4 000 kW；位于天津的中海油天津研发产业基地分布式能源项目，项目规模 4 358 kW；位于北京的北京燃气中国石油科技创新基地能源中心项目，项目规模 13 312 kW；华电集团位于湖北的湖北武汉创意天地分布式能源站项目，项目规模 19 160 kW。

作为智能能源网络建设的重要一环，未来十年我国新能源投资将达到 5 万亿元。预计到 2020 年，中国新能源发电装机 2.9×10^8 kW，约占总装机的 7%。其中，核电装机将达 0.7×10^8 kW，风电装机接近 1.5×10^8 kW，太阳能发电装机将达 0.2×10^8 kW，生物质能源发电装机将达 0.3×10^8 kW。

二、城市智能能源网发展需求分析

（一）发展需求分析

有限的自然资源及持续增长的能源消耗（如图 3.14 所示）对我们的能源企业、消费者及社会公共资源的能源利用方式提出了新的挑战，要求我们以更经济、高效、环保的形式，可持续地开发、使用、调配能源。因此，建设以城市为中心，涵盖水、电、燃气、热力、建筑、交通、环境保护等多个领域的智能能源网络势在必行。智能能源网络从能源的需求、供应、输送、优化调控、排放、存储、信息通讯等七个方面来提高能源的利用效率（如图 3.15 所示）。

1. 舒适低耗的能源需求

在能源网的构建中，研究重点往往集中在利用先进技术，满足能源需求，因此，能源需求在以往的研究中处于被忽视和边缘化的地位。而智能能源网的核心在于利用信息通信技术，优化配置，平衡供能端与需能端之间的矛盾。所以，作为能源网中两大重要环节之一，需能端迫切需要一个确实可

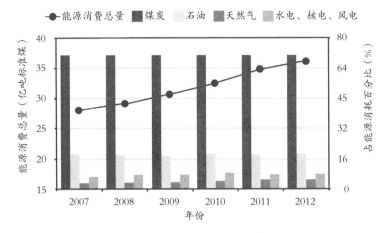

图 3.14 中国能源消费结构[1]

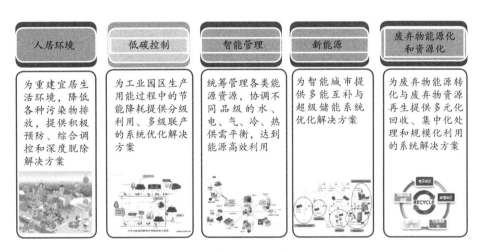

图 3.15 智能能源网需求总图

行的信息化平台，对能源需求状况做出实时的报道，鼓励人们发现能源使用中的各种问题，表达对于能耗问题的关注。这样可以使每个人、每家企业都能对自己的耗能有清晰的认识，有助于人们对能源节约担负更多的责任。除此之外，信息平台能够间接鼓励政府公共部门加强节能设施的建设。

这里提到的节能，不是以降低人民生活水平为代价的节能。我国政府已经多次在政府工作报告中提到，人民群众是城镇化的主体，如何保证城镇化

[1] 国家统计局

居民"过得好"，是衡量一个社会城镇化程度的标准。舒适连续的、可靠的能源供应才是"过得好"的主要表现形式。因此，建立一个健全的室内舒适度的评价指标，对室内热环境、光环境、空气质量等多个因素进行评价，量化舒适度这一概念，在保证必要舒适度的基础上，减少不必要的能源消耗，才是确实可行的降低能耗的方式。

以瑞典为例，通过传感技术和实时通信技术的集成，他们将通过传感器采集的实时的温湿度情况及时反馈，结合美国通风空调工程师协会（ASHARE）的室内环境舒适度指标，对室内热环境的舒适度进行评价分析，从而对下一时刻的供能情况进行调控，在保证室内环境舒适的前提下，减少过度供暖产生的能源浪费。节能效率根据区位不同，可从 140 W/m^2 下降到 110 W/m^2。

2. 多元的供应结构

智能能源网络的最主要特征是充分利用风能、太阳能、潮汐能等可再生能源，但是这些可再生能源的供应十分不稳定，受气候因素影响很大。因此，为了确保充分的能源供应，智能能源网络需要结合煤炭、石油、天然气等传统能源，与核能、可再生能源协调使用。多元化的能源结构同样也带来多元的能源分布，风能、潮汐能等资源往往蕴藏在较为偏远的地区，而太阳能等又集中分布在城市中心。如何将这些分布式能源与远距离的可再生能源有机结合起来，形成一个可靠安全的能源网络，是研究探索的方向。结合不同地域的能源结构和可再生能源分布特点，针对多元化能源供给系统已开展了一些有益的探索性工作。

（1）浙江东福山岛风光储柴海水淡化综合系统，安装 7 台单机容量 30 kW 的风力发电机组、1 台 200kW 柴油发电机、100 kW 的光伏发电系统及 1 套 50 t/d 海水淡化系统，总装机容量为 510 kW，并装设有蓄电池组进行调节，是目前国内最大的离网型综合微电网系统。该工程提出了交直流混合微网，综合考虑最大化利用可再生能源，减少柴油发电，同时采取兼顾蓄电池使用特性最大化且能延长其使用寿命的运行策略。

（2）温州市平阳县南麂岛建设了风能、太阳能、海洋能、柴油发电和蓄电池储能相结合的自给型微电网综合系统，既能解决电力供应不足问题，又能保护生态环境。2012 年 5 月，该项目动工，项目总投资 1.5 亿元，由 10 台单机容量 100 kW 的风力发电机组、545 kW 光伏发电系统、30 kW 波浪能发电系统、300 kW 蓄电池及 1 600 kW 备用柴油发电机组成。该工程还要引入电动汽车储能系统，将岛上现有的燃油汽车全部换成电动汽车。其储能电池可以利用储存的电能向电网供电，减少柴油发电机的运行时间，也可以作为电动汽车的动力电池，使多余的可再生能源得到充分利用。

3. 高效的输送网络

传统能源网络中，发电站所产生的电能有一大部分消耗在输电网上。对于智能能源网络，如何减少能源在传输过程中的损失至关重要。可再生能源的不稳定供应对电网的影响很大。当可再生能源大量并入主电网后，智能能源网络应确保电网上电压与频率的稳定。另外，智能能源网络是"功率流"与"信息流"的双向流动，包括水、电、燃气、热力、冷、环境排放等诸多能源形式通过信息通信技术相互连接，协调运作（如图 3.16 所示）。

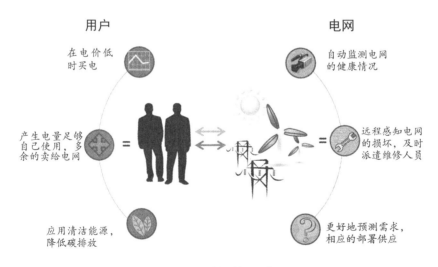

图 3.16　能源输送网络

4. 智能的能源调配

基于传感器及信息通信技术在智能能源网络中的广泛应用，海量的家庭用户及公共设备数据被实时传输到智能能源网的控制中心。结合对天气状况及历史数据的分析，控制中心将能够预测今后的能源消耗情况，并及时制定出当前的能源策略。能源策略通过智能能源网传输到设备终端，耗能设备将根据接收到的信息自动转换运行模式，从而配合整个城市的能源运行情况（如图 3.17 所示）。

分布式能源

远程新能源

能源存储

城市矿山开采

公共能源网

产能端

用能端

图 3.17　能源调配

5. 清洁的污染排放

可再生的能源策略将带来更加清洁的污染排放。在智能能源网络中，发电站、企业、工厂的排污都受到实时的监控。废物的排放信息被详细记录并通过智能网络传送至控制中心，这可以帮助整个社会对城市垃圾进行分类，也有助于环保企业对废物的循环利用。

位于山东半岛东端的威海市，其东西最大横距 135 km，南北最大纵距 81 km，总面积 5 797 km^2，其中市区面积 777 km^2。该市已经启动了智能环保系统的建设，全市范围内将建设起基于无线传感网技术的智能环保系统。该系统是集环保管理和社会服务为一体的综合服务平台，在现有环保自动监测监控系统的基础上，利用互联网、物联网手段建设布点广泛、应用智能、检测准确、服务全面的综合信息化系统（如图 3.18 所示）。

威海市的环保自动监测监控系统将实现更高程度的智能化，纳入包括空气、噪声、水质、固体废物等环保指标。这个系统能对工业废物（特别是危险废物）产生、转移和处置的过程进行监控监管。利用监控系统建立固体废物综合利用服务平台，企业利用这个平台能合法地进行各种固体废物交易，使一些企业产生的固体废物能够成为另外一些企业的原材料。

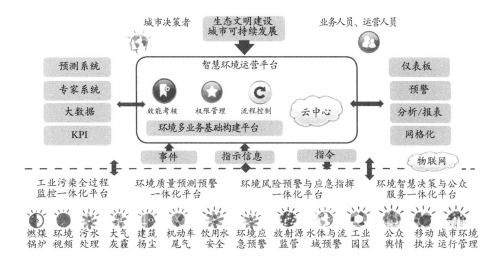

图 3.18　威海市智能环保解决方案[1]

6. 灵活的储能方式

交通运输也作为能源系统的一部分被接入智慧网络中。我们日常所驾驶的电动汽车在晚间被当作无数个蓄电池用于存储低峰时期的过剩电量。电动汽车同时也能接收控制中心发送的能源策略，改变自己在电网中能量的传递方向，帮助调节整个社区乃至整个城市的能源供需平衡。除此之外，巨型的熔盐蓄热设备也是城市蓄能的主要方式，太阳发散的热量被存储于其中，可以用于夜间的电力供应。

目前，汽车领域内和汽车领域外的电力专家，正在参与丹麦的 EDISON（即利用可持续发展能源及开放式电网的分布式和一体化市场中的电动汽车）项目。EDISON 是全球首个，同时也是涵盖最为广泛的同类项目，允许利用风力发电提供波动的电力，为大量电动汽车充电。该项目计划在两年内开发

---

[1]　http://www.fpi-inc.com/jgztmob/solution.php?info/14/147

出面向电动汽车和电网的相关技术，并将其投入使用。

　　杭州市纯电动出租车自2011年投放以来，已有超过200辆"电的"投入杭州市场，主城区的充换电设施网络也初步建成（如图3.19所示）。该项目取得了成功，已经成为治污减排，推动电动汽车发展的一种崭新模式，值得推广。

图3.19　杭州纯电动出租车充换电站[1]

　　杭州的电动出租车主要通过换电池的方式来快速补充"燃料"。以位于杭州市文二路与文三路之间的古翠路上的充换电站为例，换电站配置24 kW整车直流充电机4台、交流充电桩25个、2.4 kW电池模块充电机200台，每天最多可以服务500辆车。这是杭州第一座换电站，也是目前运营效率最高的换电站。换电时，仅需3 min，一辆出租车共计260 kg的四组电池就全部更换完毕了。电动出租车充电时间长一直是制约其发展的瓶颈之一。杭州首创的"换电"模式，通过电池租赁的方式，让老百姓不再担忧电动汽车昂贵的电池成本。不仅如此，同时可以实现电池集中专业养护，从而延长电池寿命。这样集中管理电池，集中为电池进行充电，可以实现大规模的储电应用，为新能源电网提供一个稳定的去处，推动新能源发电产业的发展。杭州的创新换电模式和较为成熟的换电网络，为储存电能提供了思路，可服务于汽车，为绿色交通提供可能性。

---

[1]　中国城市低碳经济网

2013 年 7 月 29 日，国内第一个城市纯电动车公交租赁服务系统在杭州商业投运。由世界五百强之一的吉利控股集团有限公司与康迪科技集团公司合作开发的微型电动公交运营系统，开创了国内"纯电动微公交"的全新绿色交通模式。这种新型公交系统以零排放纯电动乘用车为载体，将城市出租车、私家车、自驾车租赁和传统公交等功能集成一体，完美实现了动态交通和静态交通的有机结合。它通过智能化的集中管理、集中充电、集中维护、分时租赁，建立了一种高效低耗、低污染、低成本的新型城市公交模式，为破解城市交通拥堵、停车难、空气污染、化石能源消耗大等诸多问题提供了崭新的解决思路。

7．综合的能源监管系统

智能能源网相较于传统能源网的最大优势在于信息技术及通信技术的接入，让能源系统具有了交互性和即时通信性。因此，我们可以依托先进的互联网及通信技术，构建一个涵盖需能端和供能端，能与用户实时交互的能源信息监测平台。该信息平台能够合理预测用户的用能情况，与监测到的实时能源数据比对、分析并将结果存储到数据库，最后依靠能源绩效监管系统，对供能端进行调控，避免出现因用能峰谷过于集中而产生的一系列浪费和能源供应不可靠问题（如图 3.20 所示）。

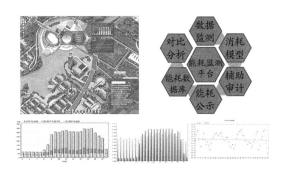

图 3.20　智能监测平台

一些国家已经开始对能源信息化平台进行研发。荷兰依托国家国土信息系统，建立了"开源城市"信息平台。"开源城市"作为一个新型平台，展示了包括荷兰能源消耗、灾害预测等在内的多方面内容。它让市民集体参与到城市规划中来，为解决能源问题群策群力，这也体现了其依托数据解决问题的能力。

诸如此类的例子还有很多。在美国，纽约和芝加哥也加入了利用大数据解决问题的行列，相继对市民公开了包括各个建筑的实时用能情况在内的多种数据。其优势有两点：①通过用能情况的公示和对比，用户可以更加直观地认识到自己用能行为中的不合理之处，从而在将来的用能过程中，规范自己的用能行为，加强对节能技术的使用；②可以利用网络技术，及时诊断和分析用能群体的特征，对供能方案进行优化和调控，真正实现"大脑—神经—大脑"的反射机制，实现智能化。

在国内，依托先进通信技术的区域能源监管网络也开始了自己的探索足迹。浙江大学开发了一套包括监测、控制和结算在内的能耗控制系统（如图3.21所示）。

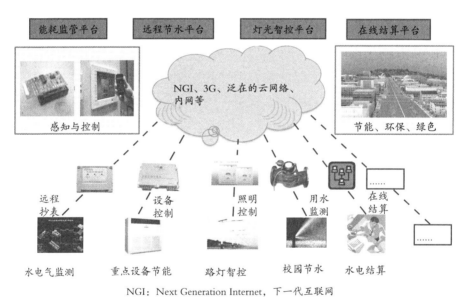

NGI：Next Generation Internet，下一代互联网

图 3.21　校园智能能源网监控平台案例

8. 能源信息公开

大数据在公共管理、零售、互联网、电信、金融等众多行业快速推广，市场规模迅速扩大，2012 年国内数据市场规模已达 4.5 亿元。互联网数据中心（Internet Date Center，IDC）预测，2016 年中国数据市场规模将达 6.17 亿美元，

而全球规模将达 238 亿美元。大数据已经渗透到当今的每个行业，成为重要的生产因素。人们对于海量数据的挖掘和运用，预示着新一波生产率增长和消费者盈余浪潮的到来。大数据超过了传统数据库系统的处理能力，为了获得数据中的价值，必须选择新的方式对其进行处理。电力数据是数据理念、技术和方法在电力行业的实践，是大数据应用的重点领域之一。

2009 年，美国能源部构建了开放能源信息网站（Open Energy Information, OpenEI），并将在这一新的开源网站平台上分享美国能源部的一些资源和信息。这些数据或工具的发布基于免费的、可编辑的 Wiki 平台，供国际社会、政府官员、私人企业、项目管理人等在一定范围内对清洁能源技术发展有所贡献的团体和个人使用。这个网站的发布是美国能源部、白宫科学与政策办公室提高其影响力，奥巴马内阁建立更加开放、透明、亲民的联邦政府计划的一部分。美国能源部和国家可再生能源实验室（NREL）等国家实验室合作，维护、推动这一开放能源信息平台的发展。这一网站已经收藏了 60 多条清洁能源资源和数据，包括气候区域信息、世界风能和太阳能分布地图等。OpenEI 网站还能链接到 VIBE（Virtual Information Bridge to Energy）中心。VIBE 为数据分析中心，负责对能源数据进行动态分析和解读，全世界的能源组织成员将有机会在该网站上传和下载信息。另外，OpenEI 也会提供重要技术资源，包括可用于帮助发展中国家发展清洁能源技术的、美国现有的实验室方法和工具。随着时间的推移，网站将展开在线培训和技术指导等服务。

IBM 已将数据分析作为其大数据战略的核心，共投资 160 亿美元进行 30 次与数据分析相关企业 / 公司的收购，对其海量数据分析平台 InfoSphere BigInsights 等相关产品进行了一系列创新，并在电力产业领域提出电网转型、提高发电效率及顾客运营转型等倡议，以更好地支持能源大数据处理。当前研究表明，太阳能农场电网智能管理需要设备控制光伏板、转换器等，以优化全天各种条件下所发电力，且有效的设备管理能提高 10% 的生产率。世界各地电力公司对实时的广域监测、保护及控制系统的需求与日俱增，同步测量技术将成为该系统的有效支撑。智能电网仅能实现从单向电网向双向电力系统网络的转型，这还远远不够；我们真正需要的是建立一套完整的能源智能管理系统，这超越了智能电网的范畴，并需要考虑智能能源网络的建设。

大数据技术有助于电力企业基础设施选址、建设的决策。例如丹麦风电公司 VESTAS 计划将全球天气系统数据与公司发电机数据结合，利用气温、气压、空气湿度、空气沉淀物、风向、风速等数据及公司历史数据，通过使用超级计算机及大数据模型解决方案，来支持其风力发电机的选址，以充分利用风速、风力、气流等因素达到最大发电量，并减少能源成本。此外，VESTAS 还将添加全球森林砍伐追踪图、卫星图像、地理数据及月相与潮汐数据，以便更好地支持基础建设的决策。

大数据技术将加速电力企业智能化控制的步伐，促进智能电网的发展。例如，通过为电力基础设施布置传感器，动态监控设施运行状况，并基于大数据分析挖掘理念和可视化展现技术手段，采用集成了在线检测、视频监控、应急指挥、检修查询等功能的"智能在线监控与可视化调度管理系统"，有效改变运维方式，消除部分在萌芽阶段的运维故障，实现运维智能化。

整合电力行业生产、运营、销售、管理的数据，可实现电力发电、输电、变电、配电、用电、调度全环节数据共享，以用电需求预测为驱动优化资源配置，协调电力生产、运维、销售的管理，从而提升生产效率和资源利用率。此外，电力企业各部门数据的集成将优化内部信息沟通，使财务、人事等工作的开展更顺畅，有助于企业实行精细化运营管理，提高集团管控水平。

作为重要的经济先行数据，用电数据是一个地区经济运行的"风向标"，可作为投资决策者的参考依据。美国加州大学洛杉矶分校的研究者根据大数据理论，将人口调查信息、电力企业提供的用户实时用电信息和地理、气象等信息全部整合，设计了一款"电力地图"。该图以街区为单位，可以反映各时刻的用电量，并可将用电量与人的平均收入、建筑类型等信息进行比照。通过完善"电力地图"，可以更准确地反映该区经济状况及各群体的行为习惯，以辅助投资者的决策，并为城市和电网规划提供基础依据。

（二）建设能力分析

城市智能能源网是指利用先进的通信、传感、储能、新材料、航天、化工、微电子、海量数据优化管理和智能控制等技术，对传统能源的流程架构体系进行革新改造和创新，建构新型能源生产、消费的交互架构，形成不同能源网架间更高效率能源流的智能配置、智能交换，推动现有单向运转的能源体系向更高级发展，进化为生产、输送、分配、使用、市场、运行、客户、服务、远期能源价格管理和监管、碳权利与低排放奖励这十要素之间优化整合互动的流程（如图 3.22 所示）。该网络还包括电力、水务、油气、热力、建筑、交通、排污等子能源系统。这些子智能能源系统间进行交互式的数据传输及协调运行，而城市智能能源网则作为更高一级系统进行统筹。城市智能能源网的技术组成包括各子系统智能运行的共有特征及各子系统所具备的特有技术。智能能源网技术的共有特征包括数据通信技术、传感测量技术、保护控制技术等。机电产业一直是我国的优势产业，占据我国出口贸易总额的一半以上，因此，我国在测量、通讯、控制、仪表技术等领域的发展已具备一定的基础及优势。作为当今世界经济发展最为活跃的组成部分，中国将受益于一个精心布局、着眼于长远并且是可持续发展的能源战略。在智能能源网领域，一方面，中国已经具备了将最先进的创新智能数字技术加以应用的良好基础；另一方面，应用层面的发展反过来会催生新的技术，创造更加智能的世界。

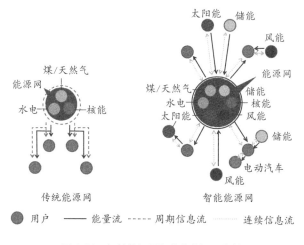

图 3.22　智能能源网与传统能源网比较

（三）发展愿景

智能能源网是一个涵盖电力、水务、油气、供热、供冷、排放等多个领域，涉及银行、通信、教育、电子、食品、医疗、保险、媒体、零售、油气供应、公共运输等多个行业，具有分析、处理、计算、贸易、市场、生产与服务、自我调节、可持续发展等多个能力的超级复杂的复合系统。它有别于智能电网、智能水务网等单个能源行业独立发展、独立整合的渐进改革模式，直接定位为有别于发达国家、具有中国特色与优势且领先于国际的跨越式综合互动能源网络，可有效避免资源浪费与重复建设，使我国的电、油、水、气和热力等能源的综合利用水平跃上一个史无前例的高度，加快我国实现节能减排目标的进程，实现绿色低碳、高效和安全可靠的经济发展模式。同时，智能能源网的战略性构想也将改变我国对国外能源建设模式跟随模仿的现状，这对国家的能源安全有极其重要的意义。通过对各系统中能源生产、运输、使用、排放、储存情况的实时监测，结合对未来能源网络供需关系的预期，智能能源网的控制中心能够及时制定出能源利用、分配的优化方案。智能能源网络的顺利发展将推动我国综合资源利用率的提升，优化能源利用结构，改变粗放型的能源消费方式，减少能源生产、运输、使用过程中对环境的污染。

三、构建城市智能能源网的关键技术

（一）智能能源监测控制平台

智能能源监控系统的构建是一个无法单纯用某一学科理论解决的问题，涉及能源、经济、统计等多个学科的交叉，是目前研究的一个薄弱环节。智能能源监控系统的根本目标定位是实现低碳分布式能源技术与 IT 技术的有效协同与耦合，为产城融合示范区域提供完善的能耗监控与能源绩效管理平台，提供符合区域特色的整体能源配套解决方案，从根本上实现我国节能减排的目标，实现能源的循环经济和低碳经济。

智能能源监控系统的根本目标可分为三部分：

● 一张网络：智能能源传感网——实时对区域内能源使用情况进行监控，及时将各个节点的用能情况反馈到智能能源中心；

● 一个中心：智能能源数据资源中心——接收和储存各个时段的用能情况，为将来的能源分析和用户用能行为规范提供支持和保障；

● 一个平台：智能能源协同平台——根据用户的用能情况，提供经济环保、高效可靠的能源供给方案，并且通过价格杠杆，指导用户用能行为，缓解用能高峰的压力。

综上所述，智能能源监控系统的总体架构主要包括感知层、通信层、数据层、应用层（如图 3.23 所示）。

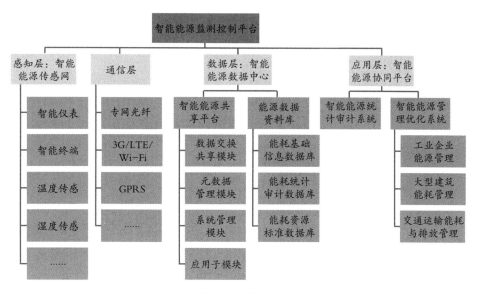

图 3.23 智能能源监测控制平台构架理念

1. 感知层：智能能源传感网

智能能源传感网由各种传感终端节点组成，这些节点可划为三层：最高层为信息网关节点（Gateway Node），中间层为汇聚节点（Sink Node），最底层为感知节点（Sensor Node）。每一个节点拥有一种或多种传感器（例如温度传感器、湿度传感器、光学传感器、磁性传感器等），并且具有一定的计算能力。无线传感网中的节点还兼具信号中继的功能，各节点之间通过专用网络协议实现信息的交流、汇集和处理。根据实际功能需求，汇聚节点和网关节点都可以是管理节点。

相邻区域内的若干感知节点组成一个子网（感知节点簇）。这些同构或异构而地位对等的感知节点，通过特定算法选出簇首，由簇首和其他节点组成星形网络结构。

汇聚节点可以按照能源传感网络的分片区域来配置，在底层网络中起到通信枢纽的作用。子网间各簇首以多跳方式，通过汇聚节点将能源感知信息进行初步融合，并传递给网关节点。汇聚节点初步融合实现感知层冗余数据的筛选和离散数据的汇聚。

网关节点则负责监测消息的定制、节点状态的监测和监测信息的高级处理等。网关节点和汇聚节点常常可以统一起来。

在西班牙桑坦德地区，为了减少空气和噪声污染，该地区已经大规模配置传感器，成为感知城市的重要试点之一。该地区配置了大约1万台电子监控设备，并可以与其他设备如GPS、传感器等进行通信，借此对城市二氧化碳排放、噪声、温度、环境光线等信息进行监控。与此同时，韩国也开展了"U-Korea"的战略规划，以无线传感网络为基础，对所有资源实现数字化、网络化、可视化、智能化。在战略推行地区，每个角落都适当安放了传感设备，可以监控违章车辆，保证城市安全，将交通路况、气候变化、能源信息、新闻资讯反馈给用户；还可以利用随处可见的街头紧急呼叫机与监控中心取得联系，帮助发生意外事故的人员。从市政管理方面来说，市政人员可以通过无线传感器网络随时了解各个基础设施的运行情况，对其进行管理；从城市安全方面来说，利用红外摄像机和无线传感器网络，可以突破人类视野限制，调高灾害防治的自动化水平。

2. 通信层

在感知层通过传感终端节点采集到的信息传输到通信层后，这些数据会经无线移动通信网络、光纤通信网络或电信运营商网络传输到数据层，进行数据融合与分析。通信层主要利用无线通信网络与光纤通信网络及因特网等手段与技术，完成公共信息平台的通信。

3．数据层：智能能源数据中心

智能能源数据中心可支持跨部门、跨行业的能耗信息资源交换、共享、更新、服务的管理体制和运行机制，以及相关标准规范和安全保障体系；按照统一标准整合政府部门、企事业单位和社会公众需要的能耗信息资源，建成统一标准的数据发布、共享、交换、服务的网络体系和软件系统体系；实现为政府、企事业单位、社会公众提供基于因特网的数据服务支撑，实现跨部门、跨行业的"横向"能耗信息资源的交换与共享，以及上与国家，下与区、县的"纵向"能耗信息资源的互联互通。智能能源数据中心的主要功能如下：

①信息交换：能源数据中心提供与各应用系统之间的通信连接和数据接口，从各应用系统中提取各类相关信息，用于后续的信息处理和信息服务。它所提取的信息通常不是各应用系统的原始信息，而是经过各系统处理后的二次信息。这样一方面能减少平台信息处理的工作量，另一方面也能节省信息存储空间。

②信息存储：对各类能源信息按照一定的规则和组织方式进行保存，便于数据的查询、更新和维护。信息存储的形式可采用传统的关系型数据库方式，也可以采用数据仓库方式，来提高数据管理的效率。

③信息服务：能源数据中心的最终目的是为各应用系统提供其所需要的信息。由于不同的用户和应用系统可以获取或访问的信息各不相同，因此，需要建立完善的数据分层管理和权限管理体系，对无权获取特定信息的用户进行信息屏蔽，既能使不同用户获得各自所需要的数据，同时确保各应用系统数据交换和共享过程的安全性。

4．应用层：智能能源协同平台

智能能源协同平台由三个高耗能领域的智能能源管理优化系统，包括工业企业能源管理优化系统、大型建筑能耗管理优化系统和交通运输能耗与排放管理系统，以及一个智能能源统计审计系统组成。

1）工业企业能源管理优化系统

系统主要针对能源消耗量大、耗能设备繁杂、属下机构众多的工业企业，如冶金、发电、化工、建材、造纸等企业。

在智能能源协同平台中，可以对工业企业能耗进行统一管理，促进工业企业实现规模化、精益化、集约化的节能减排，改善、优化城市的经济增长模式。

针对工业企业采用的能耗与排放管理优化系统，利用各种电量变送器、流量传感器、温度传感器、压力传感器等智能仪表，自动采集分散在各地的耗能设备所消耗的电、水、冷、热、油等各种能源形态的实时数据，通过现场总线、企业局域网与互联网，将数据送到相关的能源使用者、管理者、决策者面前，使他们能随时随地监测到现场耗能设备的运行状态。该系统还可以对这些数据进行统计、分析、对比，得出各种报表和图表结果，为节能减排的管理工作提供事实依据，为工艺改进和技术节能提供数据基础，极大地提升企业能源管理的水平。

国内已经有一批大型企业建有同能耗与排放管理优化系统类似或者接近的应用系统，如数据采集系统（DAS）、数据采集与监控（SCADA）系统、能源/能量管理系统（EMS）、管理信息系统（MIS）等。

此外，也有大量中、小型企业在现有的相关应用系统建设方面，基础较为薄弱，仅仅是其生产、运营系统具备上述应用系统中的某些局部功能。造成这种情况的主观原因在于这些企业的节能减排意识比较薄弱，对其重视程度不够；客观原因在于系统的建设需要企业投入一定的资金，而企业在短时间内难以获得直接的经济回报，这个事实也是我国长期以来都以较大的能耗和排放代价来发展经济的主要客观原因之一。

无论是现有技术基础较好的大型企业，还是基础较为薄弱的中、小型企业，都不同程度地需要补充或者新增相关的感知节点、通信网络及应用软件，首先将之前零散分布的各个信息孤岛自身的信息化工作完善，再通过城域网络进行企业间信息互联与智慧城市网络集成，实现在智能城市这个统一平台之上的集中管理，形成一个基于整个城市范围的节能减排物联网，并在应用层实现智能化能效管理。

2）大型建筑能耗管理优化系统

对一栋现代化的大型建筑而言，在没有建设并运行能源管理系统的时候，由于很难了解大楼内空调、照明等耗能设备的运行情况，能源浪费量估计为35%~50%。另外，工业和商业用电付费时有一个参数是必须考虑的：契约用电容量。耗能设备全部运行时会产生很强的用电需求，一个月中即使只有很短时间内的用电负荷超出契约容量，全月的基本电费也会基于最高负荷来进行收费。统计显示，这些额外的费用通常占企业用电账单的25%。

一般来讲，能源管理系统就是对建筑物或者建筑群内的变配电、照明、电梯、空调、供热、给排水等能源使用状况，实行集中监视、管理和分散控制的管理与控制系统，是实现建筑能耗在线监测和动态分析功能的硬件系统和软件系统的统称。它由各计量装置、数据采集器和能耗数据管理软件系统组成。基本上，通过实时的在线监控和分析管理可以实现以下效果：

①对设备能耗情况进行监视，提高整体管理水平；

②找出低效率运转的设备；

③找出能源消耗异常；

④降低峰值用电水平。

该系统按照住房城乡建设部下发的《国家机关办公建筑和大型公共建筑能耗监测系统分项能耗数据采集技术导则》规范要求来构建。通过该系统的应用，实时对现有大型建筑中各类能源消耗进行分类计量和统计，使之能够准确、全面地反映建筑能耗状况、能源形态、能耗设备运行与耗能情况，自动生成能耗指标的各种报表和能源统计分析报告，为建筑管理者进行能耗公示、能耗审计、能耗决策、节能改造提供帮助。该系统适用于政府机关办公楼、写字楼、公共建筑、商场超市、体育场馆、宾馆酒店等大型高耗能建筑。

3）交通运输能耗与排放管理系统

该系统针对交通运输企业及其车辆，在宏观和微观层面分别提供不同的建设方案。

对于交通运输企业，可直接在数据层从智能交通和智能物流系统获取其各类机动车能耗与排放统计数据，无须额外构建感知层和网络层，这就需要建立交通运输企业的能源管理系统。

能源管理系统通过与智能交通、智能物流两个关联系统进行数据共享来实现宏观的能耗与排放管理。能源管理系统经由数据层接口获取交通运输能耗与排放信息，在其企事业单位能耗与排放统计审计子系统中进行信息处理，然后再将处理结果通过数据层接口返回到智能交通和智能物流系统中去，为它们提供决策依据，在管理、优化交通运输业务使之顺利、高效运转的同时，促进节能减排。

4）智能能源统计审计系统

该系统帮助相关能源管理部门对用能单位的部分或全部能源活动信息进行收集、统计、核查、分析和审计；对能源利用的实效性、合理性做出评价，并提出改进建议，以增强政府对节能减排工作的监控能力和提高企事业单位能源利用的经济效果。节能减排统计审计是制定和实施节能减排系统建设方案的一个必备步骤，还可以作为企事业单位取得政府和有关部门财政援助、税收优惠和筹集节能资金资格的一个信贷保证。

为配合工业和信息化部在工业和信息化系统建设中组织工业节能减排信息监测系统的工作，应该推动各企事业单位建立、完善其能源管理系统及其相关系统，并通过智能城市平台的建设，将这些分散的相关系统，纳入到全市统一的企事业单位节能减排统计审计系统中。

通过组织协调各方力量和资源，建设面向相关重点监测样本企事业单位的节能减排相关信息系统，应用通信网络技术汇总监测到的各类别、各层次的相关数据，服务于城市节能减排与综合利用领域政策拟订、规划编制、标准制定、行业研究、形势分析等相关工作，并适时将该系统推广应用到城市的全部企事业单位。

智能能源统计审计系统的主要功能模块包括工作准备（单位抽样、行业抽样、能源设置）、数据报送（数据上报、数据交换）、数据管理（数据浏览、数据审核）、系统管理（系统设置、数据备份）、节能减排统计（明细表、台账表、综合表）、节能减排审计（信息审计、绩效分析、决策支持）等（如图 3.24 所示）。

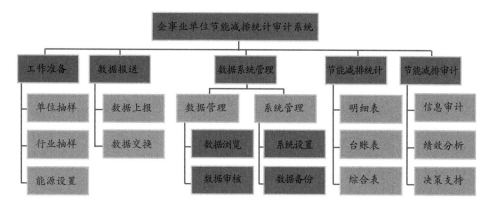

图 3.24　智能能源统计审计系统

（二）余热分级利用技术（热力）

余热是在一定经济技术条件下，在能源利用设备中没有被利用的能源，也就是多余、废弃的能源。它包括高温废气余热、冷却介质余热、废汽废水余热、高温产品和炉渣余热、化学反应余热、可燃废气废液和废料余热及高压流体余压等七种。根据调查，各行业的余热总资源约占其燃料消耗总量的 17%~67%，可回收利用的余热资源约为余热总资源的 60%。

火电机组大约 40% 的热量通过电厂循环水排出。如果机组容量为 600 MW，则凝汽失热折合标准煤 157 t/h。回收这部分热能对于节约能源无疑意义重大。钢铁行业加热炉高温烟气回收发电技术可使得热量利用率提高 5%~10%，当年可收回全部成本。

余热的回收利用途径有很多。一般说来，综合利用余热最好，其次是直接利用，第三是间接利用（产生蒸汽用来发电）。目前比较成熟的余热利用技术包括溴化锂吸收式热泵技术和余热锅炉技术。

溴化锂吸收式热泵技术已被北方部分热电厂采用，用以增加供热面积，降低能耗和水耗，减少污染（如图 3.25 所示）。来自电厂 25~45℃ 的循环冷却水经第一类溴化锂吸收式热泵，将热网 55~70℃ 的回水加热到 80~90℃，供热网使用。以大同某电厂为例，采用溴化锂吸收式热泵技术改造后，整个采暖季节约标煤约 6.95×10^4 t，减少 SO_2 排放 170 t/a、减少 CO_2 排放 19.42×10^4 t/a，节水约 79.84×10^4 t/a。

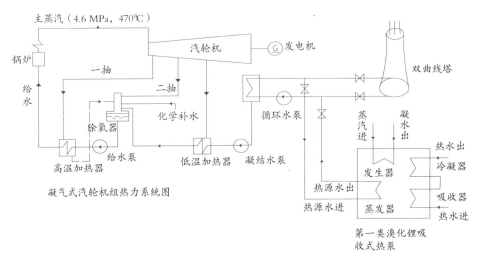

图 3.25　电厂热泵热网系统示意

余热锅炉技术在钢铁工业的焦炉中采用较多。目前我国大中型钢铁企业有各种规格的焦炉 50 多座，除了上海宝钢的焦炉工业化水平达到了国际水平，其余厂家的能耗水平都很高，节能大有潜力。炼钢厂的转炉烟气中的余热可以用来发电。目前全国 25 t 以上的转炉达 240 座；按 3 座配备 1 套发电系统，可配置发电量为 3 000 kW 的电站 80 座。目前全国炼钢厂中 65 吨级的电熔炉有 20 多座，每座电熔炉的余热利用潜力，按年发电量计算，均在 5 000 kW 以上。

针对用能特色及区域资源分布问题，挪威特伦霍姆地区开发建立了一套以小型燃气轮机为核心，结合余热锅炉、热泵等技术的电、热、冷多联产的系统（如图 3.26 所示），以缓解用能高峰集中所带来的问题。

该系统（如图 3.27 所示）采用以复合气源（80% 天然气 +20% 生物质燃气）的微燃机或小型燃机为核心的分布式冷热电系统，作为办公、研发、生活场所的动力来源；同时辅助太阳能光伏和小型风力机发电，提供路灯照明和部分地下车库照明用电；设置中低温相变蓄能系统，储存太阳能发电和风电的过余电力，为生活用水热源体提供辅助热源；引入电网中的电作为峰值负荷与应急条件下的供电保障；生活垃圾和厨余垃圾进行综合处理，发酵提纯生产生物质燃气，以提供部分燃机发电气源，并为绿色交通环保车辆供

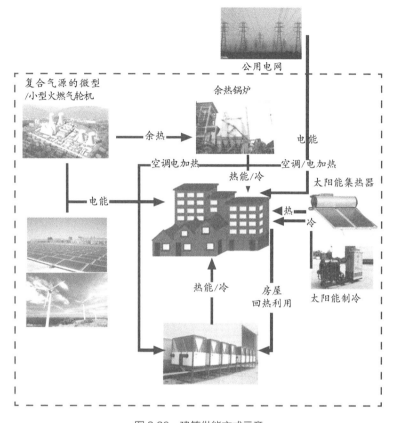

图 3.26　建筑供能方式示意

气；燃气排烟余热驱动余热锅炉，低压蒸汽驱动蒸汽型吸收式热泵系统，为办公楼宇供暖和制冷，还可为食堂供应餐厨蒸汽；余压蒸汽、屋顶太阳能集热器、生活污水回收（采用污水型热泵）和空气能源塔，形成多源加热模式，实现全天候生活热水供应热。

　　伦敦市的三联产工程是 1990 年开始的，1994 年初首次实现商用大厦和重要建筑的集中供能。该工程共为 90 MW，首期 32 MW（1994 年完成），二期 32 MW（1996 年完成），三期则视经济能力而定。燃料以天然气为主，油为备用。主机是采用芬兰的 2×18 缸多燃料发动机，其热效率高达 45%（电机效率在 97% 以上）。在夏季，100% 的燃料中，45% 发电，45% 供冷及热（少量热水），10% 为损失。而在冬季，同样为 10% 的损失，45% 的燃料用于发电，45% 的用于供热。由于采用了先进的 SCR 技术，NO_2 排放物减少。

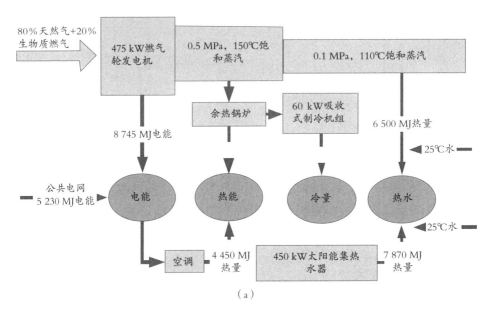

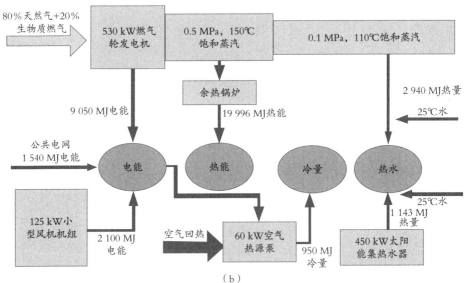

图 3.27　冬季供能热力分析图。(a) 均衡型;(b) 环保型

　　曼彻斯特机场于 1989 年决定建设电功率为 9.4 MW 的热电冷三联产装置,向原有的两个候机楼和 1993 年 4 月投入建设的新候机楼(耗资 5 亿英镑)供电和热水。冬天取暖,夏季则把多余的热用于吸收式制冷。机场用电量为 7 MW,新候机楼投运后共需电约 15~18 MW。原来两个候机楼的热需求为 2 MW(夏

季）和 6 MW（冬季）。由于热、电负荷之比约为 1∶2，故在众多方案中选用两台往复式发动机，燃料是重油或天然气。两台往复机还可向外界提供 2.6 MW 的低品位热量。设备还包括容量为 5.9 MW 的两台余热锅炉（供应 140℃的热水）和两台 4 MW 的双燃料常规锅炉。设备使用寿命超过 20 年。整个三联产工程合同额为 690 万英镑。该三联产装置一年约发电 72 000 MW·h（259.2 TJ），而供应的热量则相当于购置 178.5 TJ 的天然气，年总产值约 180 万英镑（含吸收式制冷每年可节电价值 5 万英镑）。实行三联产后，每年可减少 CO_2 排放物 5×10^4 t，SO_2 排放物 1 000 t。由此可见，经济效益和环保效益十分显著。

　　日本由于经济社会发达而资源缺乏，故对热电冷三联产工程十分重视。在 20 世纪 80 年代后期，日本对区域供热和制冷（DHC）的需求增长了一倍，达到每年 2.5×10^7 GJ。东京新宿区的区域供热和制冷工程及北海道札幌市地铁车站的制冷和供热系统都取得了成功。

　　（三）先进的水循环及再利用技术（水务）

　　水是世界上最宝贵的资源之一，但是气候变化、人口增长及环境污染等问题，使我们的水资源的安全供应受到很大的威胁。回收与再利用工业与生活用水是解决全球水资源危机的方法之一（如图 3.28 和 3.29 所示）。水的循环再利用可以帮助社区居民减少对湖泊水及地下水的依赖，避免对生态系统造成破坏。此外，水的循环利用还能帮助缓解水的富营养化污染。而经过循环系统产生的新水还能够用于填补地下水的流失或者重建被毁坏的湖泊。

图 3.28　葡萄牙的一家水处理厂

图 3.29　水回收与再利用

　　膜生物反应器技术作为先进的循环利用生活及工业污水的方法，已经在世界范围内得到广泛应用。膜生物反应器利用膜组件替代传统生物处理系统中的二沉池进行固液分离，将污泥截流在反应器内透过水外排。在传统的生物处理系统中，泥水分离是在二沉池中靠重力作用完成的，分离效率依赖于活性污泥的沉降性，而污泥沉降性又取决于曝气池的运行状况，因此，改善污泥的沉降性必须控制曝气池的操作条件。所以，为满足二沉池固液分离的要求，曝气池的污泥不能维持较高浓度，因而限制了生化反应速率和处理负荷。膜生物反应器综合了膜分离与生物处理技术的优点，不仅可以最大限度地去除悬浮物，同时可以通过膜分离将二沉池无法截流的游离细菌和大分子有机物阻隔在生物池内，从而大大地提高反应器内的生物浓度，提高了有机物、氮和磷的去除率。比起常规的生物处理方法，膜生物反应器具有如下显著特点：

- 对污染物的去除效率高，出水水质好；
- 工艺参数易于控制，系统硝化效果高；
- 工艺流程简单，占地面积小，易于对现有污水处理厂进行改造；
- 污泥龄长，剩余污泥量少；
- 抗冲击负荷能力强；
- 工艺结构紧凑，易于自动控制管理。

污水处理一直是个让全世界头疼的问题。传统的污水处理方法成本较高，需外界供给较多的能量，给环境和能源造成较大压力。对于生活废水和工业污水，现有的污水处理技术都是将其分开进行处理，且成本较高。微生物发电是近年来全世界科学家研究的热门领域，在国内外均有较为完整的理论基础和相关的实践探索。目前出现了利用微生物发电同步处理污水的技术，这种技术为污水处理问题提供了新思路和新方法。其原理类似于微生物燃料电池，以微生物催化生活废水中的有机物在阳极分解并放出电子，电子通过导线转移至阴极，将阴极所在工业污水中的重金属离子还原（如图 3.30 所示）。

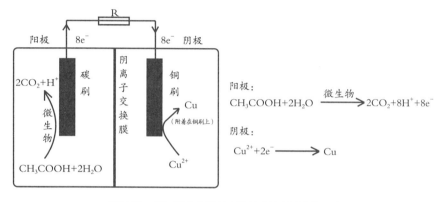

图 3.30　利用微生物燃料电池技术处理污水的示意

在全球能源短缺的情况下，充分利用废水中的能量，同步处理两种废水，既能减少外界能量的供给，又能达到减少污水排放的目的，可以对节能减排的实现和智能能源网的推广起到促进作用。若用常规的污水处理方法，一个大型的污水处理场（处理量 3×10^5 m³/d）每天处理污水消耗的电能约为 1.5×10^5 kW·h，如果每度电按 0.6 元计算，每年要消耗约 3 300 万元电费。按每千克煤产 3 度电来计算，一年需要燃煤约 18 250 t。按 1 t 煤排放约 2.62 t CO_2 计算，相当于每年要排放约 47 815 t CO_2。假如运用本套实验装置，处理 1 m³ 污水可额外产生电能 175 416.67 J，即比传统方法节省了 0.048 7 kW·h。微生物燃料电池处理污水技术的成本主要集中在电极材料、反应器及质子交换膜上，而制造成本及后期维护成本低廉且无须持续资金投入，一次性低成本投入后可长期使用，具有十分显著的社会、环境和经济效益。

我国目前的污水处理行业发展迅速，但也暴露出很多问题，急需规范。我国污水处理行业销售收入自 2005 年以来一直保持快速增长，由 2005 年的

25 亿元增加到 2009 年的 93.16 亿元，复合增长率达到 38.9%，是水务行业中需求增长最快的。政策上，环境保护问题已越来越受到重视，国家"十一五"规划中有关污水处理的计划的制定促进了行业的整体发展，污水处理行业市场容量巨大。而我国污水处理行业的集中度较低，前十名企业的市场份额为 28.2%，污水产能最大的水务集团公司北控水务的市场占有率也仅为 6.51%。从行业内企业规模来看，全国总共 249 个污水处理企业中没有大型企业，中型企业仅 6 个，占总企业数的 2.41%，而且这 6 个中型企业的销售额也仅占 19.2%。无论采用怎样的技术，如果能将污水处理变成高效环保的手段，提高污水的循环及再利用比率，将大大促进污水处理行业的发展，从而促进智能能源网的建设。

（四）绿色节能建筑技术

为了适应智能能源网的发展要求，减少用户侧能源需求也是工作的重点之一。为了减少用户侧能源需求，大力推进绿色节能技术是一项有效举措。

党的十六大报告指出，我国要实现"可持续发展能力不断增强，生态环境得到改善，资源利用效率显著提高，促进人与自然的和谐，推动整个社会走上生产发展、生活富裕、生态良好的文明发展道路"。发展绿色节能建筑必须牢固树立和认真落实科学发展观，必须从建筑全生命周期的角度，全面审视建筑活动对生态环境和住宅环境的影响，采取综合措施，实现建筑业的可持续发展。

因此，绿色节能建筑应该在全生命周期内，最大限度地节约资源（节能、节地、节水、节材）、保护环境和减少污染，为人们提供具有健康、适用和高效的使用空间，并能与自然和谐共生的建筑（如图 3.31 所示）。发展绿色节能建筑，应倡导城乡统筹、循环经济的理念和紧凑型城市空间的发展模式；需要全社会参与，挖掘建筑节能、节地、节水、节材的潜力；正确处理节能、节地、节水、节材、环保及满足建筑功能之间的辩证关系；应坚持技术创新，走科技含量高、资源消耗低与环境污染少的新型工业化道路；应注重经济性，从建筑的全生命周期综合核算效益和成本，引导市场发展需求，适应地方经济状况，提倡朴实简约，反对浮华铺张。

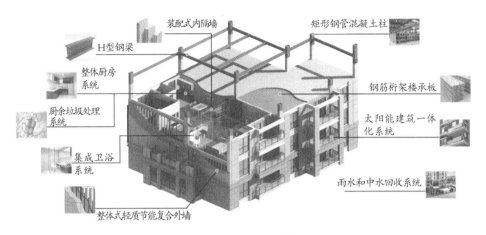

图 3.31　绿色建筑[1]

随着技术的进步，绿色节能建筑技术体现在多个方面，例如绿色屋顶技术、透水型路面等。

1. 绿色屋顶技术

自 20 世纪 70 年代德国首先发展绿色屋顶技术以来，越来越多的绿色屋顶系统得到了发展与改进。不同系统有自己的适应性及优势。目前芝加哥共有超过 300 座绿色屋顶建筑，并计划在全市最热的几个区域广泛推广这项技术。预计到 2020 年，将有超过 6 000 个建筑屋顶被绿色植物覆盖。发展先进的绿色屋顶技术既要克服建设上的困难，又要融入生态上的效益。绿色屋顶系统首先要能够适应各种屋顶结构，包括平顶、斜坡及圆顶等。通过工程手段在屋顶上有层次地铺设栽培层来模仿不同的土壤结构，使得栽培层尽量轻而薄。对于不同气候条件下的绿色屋顶，通过对水循环再利用系统的控制，保障土壤中的含水量处于植物生长的适宜范围（如图 3.32 所示）。优秀的绿色屋顶应作为建筑的一部分来搭建，并与建筑一同存在。

对绿色屋顶技术的广泛研究使得越来越多的功能被融入其中。对建筑本身来说，绿色屋顶的优势可以归结为以下几个方面。

①储存雨水：在建筑承重量允许的情况下，建筑通过土壤层和排水层储存更多的雨水，可以满足灌溉的需求，同时也可以减少城市下水道排水系统的压力。

植物

土壤
过滤装置
排水层
防水层
支撑板
隔热层
控湿层
建筑支撑
结构

图 3.32　绿色屋顶结构[2]

②降低温度：绿色屋顶可以降低夏天阳光直晒下的屋顶温度，从而减少建筑吸收的热量，降低温度。

③节能减排：绿色屋顶可以在夏天通过吸收和反射热量，降低空调成本；在冬天通过增加额外的绝热层，降低取暖成本。

④净化空气：绿色屋顶可以通过植物自身的光合作用吸收二氧化碳，释放氧气，减少温室气体的排放；还可以形成一层"空气过滤网"，除去空气中的悬浮颗粒。

⑤降低噪声：绿色屋顶还能起到吸收噪声、隔音的作用。

⑥减少热岛效应。

2. 透水型路面

城市化的重要特征之一就是原有的天然植被不断被建筑物及非透水性硬化地面所取代,从而改变了自然土壤植被及下垫层的天然可渗透属性，破坏了大自然中原有水和气的循环，因而产生了很多负面问题。随着问题的增多和恶化，人们对探索与应用能够"与环境共生"的透水性铺装材料的需要日益增加。很多国家已经对透水性铺装材料有了一定的研究，特别是日本和德国，发展比较早。目前我国也已经开始应用透水混凝土。除运河治污工程外，杭

[1] http://www.dongnanwangjia.com/lvjianjichen1/&i=42&comContentId=42.html
[2] Hui D. Benefits and potential applications of green roof systems in Hong King[J]. Evaluation, 2006,（11）:12.

州市从 2005 年开始在城市市政建设中大规模推广使用透水混凝土。据不完全统计，至 2007 年，杭州市铺装透水混凝土面积达 3×10^5 m²。北京市仅在奥运场馆建设中就铺装透水混凝土超过 1×10^5 m²。在奥运公园水环境设计思路的讨论会上，一位专家提出，奥运公园最重要的设计之一，应是让地面具有很好的雨水回渗功能。上海在新建改建公园中积极推广透水材料铺装，上海世博会工程、特奥会训练基地均大量采用透水混凝土铺装。建设部也在大力推广透水混凝土材料。这标志着城市建设逐步走出硬化地面的误区，向人们展示一种全新的，具有环境、生态、水资源保护功能的地面铺设。

作为绿色节能技术，特别是在区域规划设计中，透水性材料具有以下优势。

（1）缓解城市热岛效应和干热环境

透水性铺装由于自身具有一系列与外部空气及下部透水垫层相连通的多孔构造，且雨过天晴以后，其透水性铺装下垫层土壤中丰富的毛细水可以通过太阳辐射作用下的自然蒸发蒸腾作用，吸收大量的显热和潜热，使地表温度降低，从而有效缓解了"热岛现象"。

（2）维护城市土壤生态环境的平衡

透水性铺装兼有良好的渗水性及保湿性，它既满足了人类活动对于硬化地面的使用要求，又具有自身性能接近天然草坪和土壤地面的生态优势，可以减轻城市非透水性硬化地面对大自然的破坏程度。同时，透水性铺装地面以下的动植物及微生物的生存空间能得到有效保护，因而很好地体现了"与环境共生"的可持续发展理念。

（3）良好的防洪排水性能

由于自身良好的透水性能和渗水能力，透水性铺装能有效缓解城市排水系统的泄洪压力，其径流曲线平缓，峰值较低，并且流量也是缓升缓降，这对于城市防洪无疑是有利的。因此，透水性铺装地面不失为城市广场防涝的积极措施。

（4）环保，并能优化城市环境

大孔隙率的透水工程材料能吸附城市污染物（如粉尘），减少扬尘污染，对地表污水起过滤作用，而且在雨天可以有效防止地表径流，可以防止垃圾随着地表径流随处漂、到处是脏水的情况，使城市无论是晴天还是雨天都是干净的，更加环保。

（5）经济效益显著

据专家测算，南京市可改造为透水性铺装的面积约 3.7×10^6 m^2，如全部改造完毕，可蓄水 6.9×10^5 m^3，相当于 70 台水泵的排水量；如果这部分降水混入污水系统，会造成严重浪费。2007 年，北京改造玉泉西街、体育场北路东段等 9 条奥运市政道路两侧步道，铺设步道总长 5 500 m，覆盖步道面积 2.5×10^4 m^2，年可节水 1.2×10^4 m^3。透水材料铺装的地面与不透水材料铺装的地面工程造价基本持平，或透水材料铺装的地面更低。

（6）有效治理河道污染

城市河道治污在城市建设中具有重要的意义。透水性铺装可用于河道护坡，防止因水流对河堤的冲刷而造成的水土流失，有利于绿化植物扎根生长，应用效果超出有关部门对河岸实施生态修复工程的设想。杭州市为实施"运河申遗"计划，大规模将透水混凝土运用到城市河道的堤岸、护坡工程，很好地实现了"水清、岸绿、景美"，使运河两岸成为市民休闲游玩的好去处。

（7）良好的储水性

透水混凝土能使雨水迅速渗入地下，补充地下水，保持土壤湿度，维护地下水和土壤的生态平衡，改善城市生态条件；又能避免因过度开采地下水而引起的地陷和房屋地基下沉等工程地质灾害。经测算，按年降雨量 600 mm 计，5×10^7 m^2 的透水地坪可蓄水 3×10^7 m^3，相当于一个中型水库的容量。

位于法国巴黎的施耐德电气全球总部新大楼就是最好的智能能源应用的实际例证。占地 3.5×10^4 m^2 的总部大楼采用 EcoStruxure 能效管理平台，汇集节能增效的前沿思想，有效优化楼宇能耗，并改善用户舒适度。公司通过将总部大楼命名为 Hive（Hall de l'Innovation et Vitrine de l'Energie，法语，意为"创新之地，能源之窗"），明确设定了技术领导地位的愿景。

施耐德电气巴黎总部大楼通过了高环境质量（HQE）和高能源性能（HPE）认证。作为施耐德电气面向客户及自身员工的案例研究，施耐德电气巴黎总部大楼配置有数百个双感应器和光度感应器，因此每间办公室的照明、百叶窗和空调都能进行最高效率的调控，并可以在无人时自动关闭。员工个人在实时显示楼宇性能的计算机系统的帮助下，能够真正实现"善用其效，尽享其能"的目标。在施耐德电气巴黎总部大楼运营的第一年（2009 年），其每平方米每年的能源消耗为 121 kW·h（RT 标准算法），公司在 2010 年提出的目标是 80 kW·h/m^2。通过对整栋建筑进行深度辅助计量提供的数据分析，认为这一目标完全能够实现。最初安装的 150 多个辅助计量装置，与先进的楼宇管理系统有效连接。而公司原来的总部大楼（七栋建筑的组合大楼），其每平方米每年能耗却在 320~350 kW·h。不仅如此，先进的自动化系统使得公司节省了 30% 的维护费用。此外，该公司仍在继续制定降低能耗的规划：

●在房顶上安装 400 m^2 的太阳能光伏发电板；

●使用独立的住户能源控制面板（带有不同情景选择）；

●细化空调操作（将天气预报纳入参考范围）。

施耐德电气巴黎总部大楼内有员工 1 700 人，这无疑是智能数字技术在商务楼宇中实现高水准自动化控制的成功典范，向全球展示了未来可容纳千余人办公大楼的雏形。

通过测量、确定基本情况、进行自动化管理和监控这四个步骤，施耐德电气始终确保对自然资源的高效使用，不仅实现了收益，而且更加环保。

（五）废物循环利用技术（排污）

垃圾产能是指从被丢弃的垃圾中获得电能或热能的技术，而更先进的垃圾产能技术可以从垃圾中直接提炼出氢气或者乙醇等能源形式（如图 3.33 所示）。当然垃圾产能技术对污染物的排放也有很高的标准。根据循环利用过程中资源的再利用效率，这一技术可以减少大部分的原始垃圾量。现代垃圾产能技术有望成为可再生能源的一部分。美国的 15 个州及一些欧洲国家均设立了垃圾循环利用可再生能源项目。为了评估垃圾产能技术的可再生率，必须了解垃圾中生物垃圾及化石燃料垃圾的比例。最新的垃圾产能技术包括：①泥浆气化技术。这一技术已经在美国进行测试，先将城市固体垃圾放入泥浆悬浮液中帮助分离可回收垃圾；随后将泥浆经过高温高压处理，通过部分

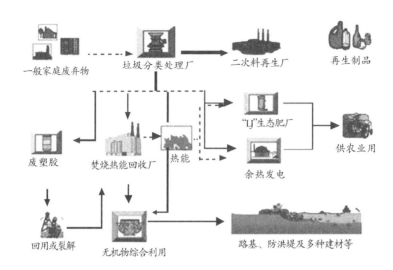

一般家庭废弃物　垃圾分类处理厂　二次料再生厂　再生制品

"LJ"生态肥厂　供农业用

废塑胶　焚烧热能回收厂　热能　余热发电

回用或裂解　无机物综合利用　路基、防洪堤及多种建材等

图 3.33　城市垃圾资源化综合处理[1]

脱水将泥浆转变成高热值的垃圾衍生燃料；最终通过气化这些衍生燃料，将其用于高压蒸汽发生器的燃烧，并驱动汽轮机发电。如果这项技术获得成功，将使垃圾获得更高的热利用率及产生更少的污染排放。②生物—热垃圾处理技术。这一技术将垃圾分成有机物及可燃物两部分。其中，有机物被降解成沼气和混合肥料，而可燃物则被制成衍生燃料，在特殊设计的流化床锅炉中燃烧。燃烧温度被控制在 900 ℃以下，避免 NO_x 污染物及影响锅炉运行寿命的渣化合物的生成。③ Valgora 技术。先将城市固态废物切成碎片，然后将这些碎片分类成玻璃、金属、塑料及沙子碎石等，并去除电池等有害成分。剩下的成分被分成垃圾衍生燃料（用于生产基础电力）和可发酵垃圾（用于生产甲烷），填补高峰时段用电。发酵结束后的有机残留物混合起来可用作高效的土壤改良剂，而 1.2×10^5 t 可发酵垃圾可产生 31 GW 的电力及 5.7×10^4 t 土壤改良剂。④垃圾转换技术。垃圾转换技术将生物质垃圾转化成化学品，所以这项技术不能用于处理混合垃圾，主要用于用城市固态垃圾生产干燥、清洁的垃圾衍生燃料。生物质的垃圾转换技术在加热生物质过程中会向外排放挥发物；通过蒸馏器，可回收挥发物中的有用物质及热能。例如从桉树叶中

[1] http://www.863csh.com/list-45-1.html

能提炼出香精油，进一步回收经蒸馏处理后的气体可得到蜡。

广东省引进了一项美国的垃圾转换能源高新技术"M3RP 技术"，垃圾回收后能"热解"成用于发电的燃气和作为燃料的柴油或汽油，而且不会产生有毒废气，产生的废渣还可用来制作生物砖和生物堆肥。M3RP 技术属于垃圾无害化、资源化回收利用，非常适合为现在面临"垃圾围城"危机的广州提供经济、合理、环保的解决方案。据悉，在该技术设备落户佛冈后，将在佛冈建立一个示范中心，设计处理能力为 500 t/d，主要用于处理佛冈日产的 350 t 垃圾。"热解"技术在大气环境保护上确实比一般焚烧有优势，但"热解"技术目前在世界上没有被大规模应用。该技术对垃圾分类要求较高，而且运行成本较高，目前仅能作为垃圾焚烧的辅助补充，例如在处理塑料、橡胶等挥发性较高的垃圾时颇为有效。

（六）生物质能源利用技术

生物质能源是清洁的可再生能源，是优质的石油能源替代品。大力发展生物质能源对维持经济可持续发展，推进能源替代，舒缓环境压力，控制大气污染具有极为重要的战略意义。所谓生物质，就是所有来源于植物、动物和微生物的除矿物燃料外的可再生的物质。利用地球上的绿色植物及其所"喂养"的动物，包括各种各样的垃圾、废弃物，即可开发出不同类型的生物质能源。通常把生物质能源分为下列几大类别。

①农作物类。包括可产生淀粉、可发酵生产酒精的薯类、玉米、甜高粱等，可产生糖类的甘蔗、甜菜等。

②林作物类。包括白杨、悬铃木、赤杨等速生林种，苜蓿、芦苇等草木类及森林业产生的废弃物。

③水生藻类。包括海洋生的马尾藻、巨藻、石莼、海带等，淡水生的布带草、浮萍等，微藻类的螺旋藻、小球藻等，以及蓝藻、绿藻等。

④可以提炼石油的植物类。包括橡胶树、蓝珊瑚、桉树、葡萄牙草等。

⑤农业废弃物（如秸秆、谷壳等）、林业废弃物（如枝叶、树皮、锯末等）、畜牧业废弃物（如骨头、皮毛等）及城市垃圾等。

⑥光合成微生物。如硫细菌、非硫细菌等。

随着城镇化及城市扩张的需要，生物质能源利用技术也将得到越来越多的应用。下面介绍几种可能用在城市智能能源网的技术。

1. 先进的生物燃料技术（油气）

美国、欧洲及其他一些国家和地区为生物燃料的应用制定了详细的规划。2013年生物燃料的消耗量达到522×10^8 L。先进的生物燃料（如图3.34所示）主要有：①纤维乙醇。纤维乙醇是一种化学结构与生物乙醇相同的生物燃料，但是它通过一种更复杂的工艺从不同原料中提取获得。与生物乙醇不同，纤维乙醇可以从秸秆等农业废弃物、木质纤维原料及能源作物中获得。生物燃料的原料来源广泛，且供应稳定。在蒸馏提取之前，它们需要首先通过酸或酶水解成基本的单糖。这些水解方法从1970年就开始被研究，并在最近得到很大的发展。②生物质液体。它是一种通过热化学方法从生物质中获得的合成燃料。研发生物质液体的目的在于，直接将其应用于现有的燃料分布系统及发动机中，因其组成成分与现有汽油、柴油等化石燃料成分相

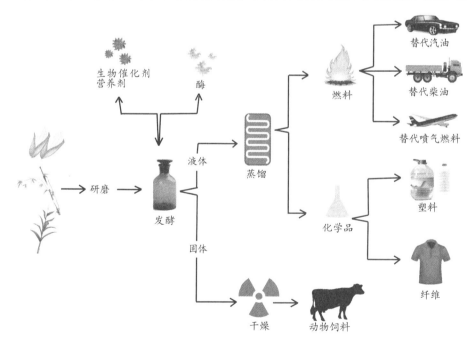

图3.34 生物燃料

似。虽然生物质液体的提取过程已广为人知，且可以通过甲烷、煤等原材料进行生产，但依赖于这一技术的大规模生产应用尚未形成。生物燃料还包括生物氢、生物二甲醚、藻类生物燃料等。这些生物燃料均来自植物纤维原料，包括农业林业生产的废弃物、生活垃圾及一些能源作物。生物燃料发展的目标是从能源作物中获得尽可能多的燃料，同时减少生产与收割过程中的能源消耗，这将提高每公顷能源作物的能源效率。另外，这些能源作物被广泛种植在耕地间隙，避免了与粮食作物的竞争。

许多研究机构对生物质能源的原料来源做了详尽的研究。报告显示，为了满足市场的需求，需要有更充足的原料供应。这就需要通过立法来提升能源作物的种植面积。除此之外，为了使生物质燃料更具竞争力，原料供应价格也需有所下降。

2. 海藻能源技术

海藻是海洋植物的主体，是生长在海洋中的低等光合营养植物，且种类繁多。藻类不仅富含蛋白质、脂肪和碳水化合物等人类所必需的物质，而且还含有各种氨基酸、维生素、抗生素、高不饱和脂肪酸及其他多种生物活性物质。随着全球性资源短缺压力的日益增大，开发和利用海洋藻类将是长远地解决人类食品资源和能源的重要途径（如图 3.35 和图 3.36 所示）。

图 3.35　海藻开发利用[1]

---

[1] 中国三农信息化服务平台

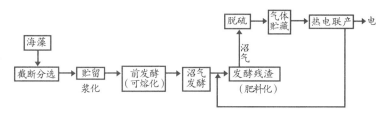

图 3.36 海藻能源生产系统[1]

海藻当中有一些高油含量的微藻，包括绿藻、蓝藻、硅藻和金藻等，这些产油的微藻中脂肪酸含量可达其干重的 50%~90%，因此可以进行高值化综合利用，不仅可作为生物饲料和营养素，还可以高效地生产生物燃油，更有固碳的巨大潜力。

早在 1978 年，美国能源部便资助美国可再生能源实验室着手开展海藻制取航空用途的生物柴油项目，在能源微藻的藻种筛选和户外跑道池规模化养殖方面，做了大量基础研究工作。日本在 1990—2000 年的 10 年间，投资约 25 亿美元，开展了微藻吸收火力发电厂烟气中排放的二氧化碳项目，促进了生物微藻能源的生产。该项目筛选出了可耐受高浓度二氧化碳、生长速度快、细胞密度高的藻种，并且建立了规模化的光生物反应器实验平台。这种微藻能源技术可以同时解决能源紧缺和 CO_2 减排问题，具有很好的发展前景。

位于荷兰南部的城市卢森达尔的可替代燃料公司 Algaelink 利用水藻来提炼生物柴油，藻类的培植占用的空间很小，而生长速度很快，有的品种含油量高达 30%~70%，同时海藻还能收集二氧化碳。2008 年 5 月，荷兰皇家航空公司 KLM 宣布将使用由海藻提炼制成的航空燃油。

3. 生物质发电技术

我国农作物耕种面积约为 18 亿亩（1 亩 = 666.667 m^2），生物质资源丰富，年产约为 7×10^8 t，相当于 3.5×10^8 tce。另外，我国森林面积约为 1.95 亿公顷（1 公顷 = 1×10^4 m^2），每年生物质资源产量可达 8×10^8~10×10^8 t。这些都为生物质发电产业发展提供了良好的基础。生物质燃料属于代煤技术发电，可利用农业、林业甚至城市垃圾作为燃料进行直燃式发电或者气化发电，不仅

---

[1] 2011 中国新能源与可再生能源年鉴

具有能量高、污染低的特点，而且属于可再生能源，因此受到世界各国的广泛关注和应用。

目前，欧盟国家特别是北欧的丹麦、瑞典等国生物质发电及综合利用产业成熟。以瑞典为例，1970—2008 年，瑞典人口增长了 15%，人均 GDP 增长了 100%，人均能耗反而降低了 1%，人均二氧化碳排放量降低了 50%，仅为 5.6 t/a，这主要是因为生物质能源使用增长了 130%。瑞典计划到 2030 年完全不使用化石燃料，完全依赖以生物质能源发电为主的智能能源网络；到 2020 年人均二氧化碳排放量低于 1.5 t/a。

美国的生物质直燃发电技术一直处于世界领先地位。2010 年，美国的生物质发电装机容量为 1.04×10^4 MW，计划到 2020 年突破 4×10^4 MW。在发达国家的能源供应链中，生物质已经成为重要的替代能源，在能源结构中占据重要地位。而我国生物质能源占比不到 1%，生物质发电技术有巨大的发展空间。"十二五"期间，我国生物质发电装机容量达到 1.3×10^7 kW，计划到 2020 年增长到 3×10^7 kW。目前，国内以凯迪生态为龙头的生物质发电企业正在探索从生物质资源收储到生物质电厂输出电能的新型网络化绿色能源工业模式。该公司投资生物质电厂达 111 家，其中投产运营 35 家，在建 24 家。如果能在智能能源网的框架下，建立生物质燃料的收储、输运、利用和再生的能源资源化产业链条，那么生物质发电技术作为城市清洁能源利用的重要组成部分，有助于改善一次能源消费结构，从而缓解城市环境污染严重和不再生能源供给消耗问题。

（七）太阳能发电技术

1. 分布式太阳能光伏发电技术

随着化石能源危机和环境恶化问题的日益加重，太阳能光伏发电由于具有能源可持续、安全环保、运行经济等突出优点，越来越受到世界各国的重视，而分布式太阳能光伏发电技术凭借其小规模、小容量、分散式、模块化的独特优势得到了快速发展。

美国是最早实现将太阳能转化成电能的国家。早在 20 世纪 70 年代，美国就在太阳能光伏发电和建筑一体化技术及相关产业扶持上做了大量的研究和示范。2011 年，美国能源部发起"Sunshot"计划，决定在之后的五年内为推进美国太阳能光伏制造业的发展拨款 1.12 亿美元，并宣布了一系列有条件贷款担保太阳能光伏发电项目。美国光伏产业的迅速发展主要得益于与光伏发电相关的组件价格大幅下降及联邦政府的大力补贴。同时，美国计划大幅降低光伏发电总成本，到 2020 年达到 6 美分 / 千瓦时。

德国是世界上对光伏发电支持力度较大的国家之一，其分布式光伏发电推广比较早；在光伏发电装机中，分布式光伏发电占比近 80%（如图 3.37 所示），有许多经验值得借鉴。光伏产业在德国得到迅速发展主要得益于德国首创的上网电价补贴政策的推出与修订。早在 2004 年，德国政府重新修订的《可再生能源法》就鼓励私人安装光伏发电装置（主要应用形式为屋顶光伏发电系统），政府给予为期 20 年、每千瓦时 0.45~0.62 欧元的补贴。虽然 2012 年开始，德国对可再生能源扶植政策进行了大幅度调整，由"过度支持"向"适度发展"转变，到 2014 年，每千瓦时的补贴调整为 0.092 3~0.131 5 欧元，但是分布式光伏利用系统的格局已经形成，屋顶光伏系统的用户有 100 多万，

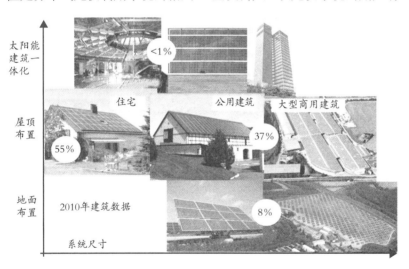

图 3.37　德国分布式光伏发电主要占比[1]

---

[1] http://slideplayer.com/slide/8953925/

并且全部并网，单个家庭发电系统平均容量为 20 kW 左右。有效的优惠政策条件促进了德国家庭成为光伏电力的最大投资者和消费者。

在 2003—2013 年，我国的光伏产业经历了一个快速发展阶段，在推动国际光伏产业发展中扮演了非常重要的角色。在这 10 年的历程中，整个产业发展跌宕起伏。

从 2004 年开始，我国光伏产业进入一个相对快速的发展阶段，这期间中国超越日本成为全球最大的光伏发电设备生产国。2008 年，随着全球金融危机爆发，光伏电站融资困难，严重依赖外部市场的中国光伏制造业遭遇了重挫。2009 年，我国出台"4 万亿元救市"政策，光伏产业作为战略新兴产业获得了新一轮的投资热潮，进入一个爆发式回升期。但紧接着，这种爆发式的增长带来了严重的产能过剩，到 2013 年，我国光伏制造业几乎陷入全行业亏损状态。随着日本、欧盟各国对光伏产业支持政策的出台，我国在《国务院关于促进光伏产业健康发展的若干意见》（国发〔2013〕24 号）中明确了对光伏产业的支持政策，促使光伏产业健康稳定发展，并逐渐进入一个回暖期。

根据国家能源局发布的数据，截至 2015 年年底，我国光伏发电装机总容量达到 43.18 GW，已超越德国成为全球光伏发电装机容量最大的国家。其中 2015 年新增装机容量超过 1.5×10^5 kW，全球占比 1/4 以上，预计到 2020 年年底，我国太阳能发电装机容量有望达到 1.6×10^8 kW。

在智能能源网中，太阳能光伏发电可以作为供给侧的有益补充，对传统能源和其他可再生能源进行协调互补，发挥其分布式灵活配置的特点。但目前我国现有光伏发电装机容量中，集中式光伏发电却占主导地位，分布式光伏发电仅占 14% 左右。2015 年，新增装机容量共 1.528×10^7 kW，其中集中式光伏发电占据了 1.320×10^7 kW，而分布式光伏发电仅为 2.08×10^6 kW。相比之下，德国在 2009 年分布式光伏发电的比例就已达到 77%。因此，发展分布式光伏发电系统，要与城市智能建筑、智能电网等相关基础设施协调布局、有机结合，使之在智能能源网中发挥就地发电、就近并网、就近使用的强大优势。

2. 太阳能热发电技术

太阳能是一种低密度能源，如果需要大规模利用太阳能，就必须采取聚焦的方式提高其能量密度。因此，聚光太阳能发电（Concentrated Solar Power，CSP）技术利用抛物面槽、抛物面碟、线性菲涅耳镜、聚焦阵列/塔式等技术，将聚焦后的太阳光用于加热流动工质（如水、导热油、熔融盐或气体介质），通过流动工质传导热量来驱动发动机，将热能转化为机械能，再将机械能转化为电能。

多种太阳能热发电系统的性能和技术特点比较结果如表 3.1 所示。

表 3.1　五种太阳能热发电系统的性能和技术特点

型式	聚光集热方式	工作温度（℃）	适合商用电站容量（MW）	年平均发电效率（%）	比投资（美元/千瓦时）	发电成本（美元/千瓦时）	应用范围
塔式	聚光 高温	560	30~200	13~14	0~5 000	18~23	大容量并网发电
槽式	聚光 中温	400	30~80	15~17	30 000~5 000	15~25	中等容量并网发电
碟式	聚光 高温	650	7.5~25	16~18	6 000~8 000	70~90	小容量分散发电，边远地区独立系统供电
太阳池	非聚光 低温	80	300~1 000				大容量规模并网发电
热气流	非聚光 低温	50	5~20			10~20	中小容量并网发电

注：比投资即为每单位生产能力投资数。

西班牙 Gemasolar 光热发电站是全世界第一个实现 24 h 发电的太阳能熔融盐塔式商业电站。这是一个装机容量 19.9 MW 的塔式电站，年发电量 1.1×10^5 MW·h，于 2011 年 9 月竣工，耗资 2.3 亿欧元。Gemasolar 最引以为豪的是它强大的熔融盐蓄热系统，通过巨大的蓄热罐，可以做到 15 h 的发电，最大能达到 24 h。

截至 2015 年，美国拥有全球最大的塔式光热电站 Ivanpah（总装机容量 392 MW），占全美所有投入商业运营的光热电站装机容量的 30%；同时美国还投运了全球最大的槽式光热电站 Solana，装机容量达到 280 MW（如表 3.2 所示）。对比这两座电站的发电量数据，可以发现，由于采用了 6 h 的储热系统，槽式光热发电技术明显比无储能配置的塔式光热发电技术略优一筹（如表 3.3 所示）。

表 3.2　截至 2015 年全球十大商业运营光热发电站统计

国家	项目名称	投运年份	装机容量（MW）	技术
美国	Ivanpah Solar Power Facility	2014	392	塔式发电
美国	Mojave Solar Project	2014	280	槽式发电
美国	Genesis Solar Energy Project	2014	250	槽式发电
美国	Solana Generating Station	2013	280	槽式发电
美国	Solar Energy Generating System（SEGS）	1991	254	槽式发电
西班牙	Solaben Solar Power Station	2013	200	槽式发电
西班牙	Extresol Solar Power Station	2012	150	槽式发电
西班牙	Andasol Solar Power Station	2011	150	槽式发电
西班牙	Solnova Solar Power Station	2010	150	槽式发电
南非	KaXu Solar One	2015	100	槽式发电

表 3.3 槽式光热电站与塔式光热电站月度发电量统计[1]

时间	Solana电站月度发电量 （MW·h）	Ivanpah电站月度发电量 （MW·h）
2014-01	29 945	10 485
2014-02	31 825	9 630
2014-03	49 358	19 959
2014-04	50 325	24 833
2014-05	75 221	44 784
2014-06	78 231	64 275
2014-07	59 276	35 967
2014-08	52 191	44 070
2014-09	63 406	43 751
2014-10	62 693	56 013
2014-11	33 735	47 177
2014-12	17 361	18 141
2015-01	12 165	21 888
2015-02	27 259	30 273
2015-03	51 698	56 343
2015-04	82 237	75 304
2015-05	88 122	47 956
2015-06	91 097	77 534
2015-07	86 217	61 681
2015-08	91 475	72 806
2015-09	63 135	66 147
2015-10	49 469	36 971
2015-11	46 262	60 474

[1] EIA

1984—2014 年全球光热发电概况及 2008—2014 美国与西班牙光热发电情况对比分别如图 3.38 和 3.39 所示。

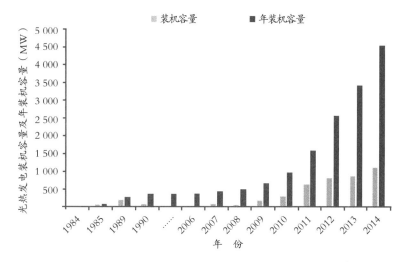

图 3.38　1984—2014 年全球光热发电装机容量及年装机容量[1]

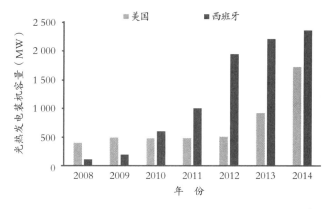

图 3.39　2008—2014 年美国与西班牙光热发电装机容量对比[2]

截至 2015 年 8 月，我国已规划开发的光热发电项目接近 40 个，国内光热发电累计装机超过 20 MW，其中比较突出的包括：中国科学院电工所在北京延庆实施的 1 MW 塔式光热发电示范项目，浙大中控在青海德令哈实施的 10 MW 项目，首航在敦煌实施的 10 MW 塔式熔盐光热电站项目，深圳华强兆阳

---

[1] 中国产业信息网
[2] 数据来源：中国产业信息网

在张家口实施的 20 MW 菲涅耳示范项目等一批在建或改造项目，但目前还没有大规模建设完成的光热电站，与"十二五"规划的累计装机容量达到 1×10^6 kW 的目标差距巨大。国际能源署的相关研究显示，与传统能源发电经济性成本相比，光热电站具有显著的规模化效应。对槽式光热发电技术来说，若装机容量由 5×10^4 kW 增加到 1×10^5 kW，造价将降低 12%；若增加到 2×10^5 kW，造价将降低 20%。美国能源部设定的目标是在未来的 5~10 年内，光热发电的成本达到每千瓦时 5 美分，可以与带基本负荷的燃煤机组进行竞争。

据 21 世纪可再生能源政策网（REN21）统计，2009—2014 年我国光伏发电的增长率为 50%，光热发电的增长率为 46%；2014 年我国光伏发电的增长率为 30%，光热发电的增长率为 27%。从 2016 年起，我国已经将光伏上网标杆电价控制在每千瓦时 0.85~0.98 元的水平。相比之下，由于光热发电存在技术复杂、前期投资大和运行维护比较困难的问题，造成其发电成本居高不下。但与光伏发电相比，光热发电的储热功能优势并未在现有的成本核算中合理体现。此外，与传统的燃煤发电相比，光热发电是一种清洁能源，其降低污染物排放、碳排放成本及节省化石资源的成本均未在成本中综合体现。光热发电具有负荷输出稳定，并网匹配性好，具备储能单元，对天气条件依赖程度低，环境友好，可连续 24 h 发电，可以承担基础负荷等优势，因此，如果把握好正确的发展路线，光热发电完全可以成为智能能源网供给侧的重要组成部分。

（八）多源热泵多联产系统

建立一种新型的分布式多联供系统，需要以热泵技术为基础，从太阳能、地热、余热锅炉等多种源头获取低品位热能，驱动智能新风热泵空调，为园区提供冷、热及生活用水（如图 3.40 和 3.41 所示）。项目有两个指标：①提高能源品质利用率。能源品质利用率是将供能端能源中的有用能转变为需能端能源中的有用能的效率。冷/暖及生活热水属于低品质热能，综合利用低品位热源满足此要求，能避免供求之间的品质不匹配，提高能源品质利用率。②降低 Trias Energetica 指数。Trias Energetica 指数是一个包括一次能源、温室气体排放及经济成本等因素的综合指数。建立智能能源管理中心，旨在以能源品质和价格为调控依据，结合相变蓄热储热技术，对系统进行调度和优化，降低成本，节约一次能源，减少温室气体排放。

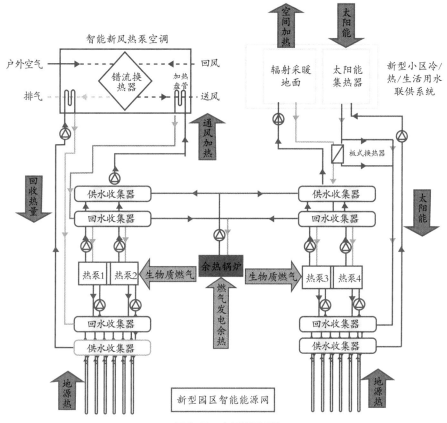

图 3.40　多源热泵系统

针对多源热泵系统，在今后的研究工作中主要要注意以下几方面。

①紧凑式全天候高效盐水空气聚能塔技术研发。通过在盐水空气聚能塔小型化、换热器节水、防冻、防腐技术、新型盐水工质开发等方面展开研究，研发紧凑式高效盐水空气聚能冷却塔换热技术，满足全天候条件热泵功率需求的冷却塔需求，以及研发新型热泵冷媒热媒循环量智能控制软件。

②新型热泵系统高效蓄热储热技术研发。开展中低温高效储热技术，特别是梯级相变蓄热技术的研发，并对新型蓄热储热技术的可靠性和时效性开展工程性试验验证，开发面向民用供热系统的高效清洁储热式多源互补热泵技术。

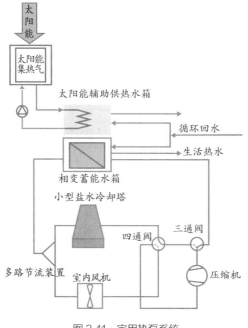

图 3.41　家用热泵系统

③基于热经济性理论的分布式热泵多联供系统控制软件的研发。根据多源互补的特点，研发一套基于热经济性理论的多源负荷平衡性热泵系统在线监测系统控制软件，一方面实现对系统用能的实时远程在线监测和控制；另一方面根据在线监控信息，实现对系统性能的实时优化控制，进一步提高系统的能效比。

④多源互补新型热泵多联供系统的开发和优化。设计制造多源互补新型热泵多联供系统样机，并在此基础上对其进行相关的热力学和经济性的优化研究。

这种新型多源热泵系统在很多地方都取得了成功，其中欧洲很多国家都有应用的案例。在意大利的北部省份 Belluno 的 Agordo 镇，2006—2007 年设计了一幢新的学校建筑。这幢楼于 2009 年秋天完工，由政府来运营，并且用来为公共教育服务。这幢建筑成功实现了所设计的三个目标：低能耗并且保证热需求的围护结构；利用可能的热力装置和可再生能源；应用多源热泵技术，这是最重要的一点。

Agordo 镇坐落于 Dolomiti 山上的一个山谷里，海拔 611 m，当地的冬天十分寒冷，对供热要求比较高。楼的建筑面积共为 5 680 m²，楼体外表面有 13 608 m²，需要供热的空间大概有 19 644 m³，外墙绝热效果很好，玻璃与外界的传热量为 1.38 W/(m²·K)。因为是学校的建筑，整个楼可以分为功能明确的三部分，第一部分用于上课，第二部分用作实验室，第三部分用作办公室。用于上课的教室，因为暑假放假的缘故，不需要提供夏天的制冷，仅仅需要通风和取暖。而其他两部分根据使用目的和使用周期，可以提供定制化的供热和供冷设计，这就增加了多源热泵的应用可行性。

对于热泵、太阳能直接供热和锅炉来讲，供热的能量来源和分布是不一样的。在该建筑稳定供热的 2010 年，后两者约占总供热需要能量的 14%。其余能量为热泵供热。在正常运行情况下，其建筑热量来源情况如图 3.42 所示。

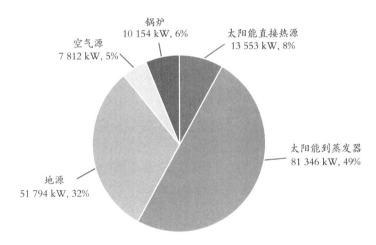

图 3.42　应用多源的热泵采暖能量来源和分布情况

而对于通风设备的能源分配，热泵供能技术占了相当大的比重。在 2010 年全年，地源热泵供能占到了总的蒸发器用热水平的 10%，而空气源热泵的供能比例更大，达到了 33%（如图 3.43 所示）。

在同样的使用目的和功能前提下，新的建筑方案和旧楼能耗之间的对比（如表 3.4 所示）显示，新的建筑方案的一次能源消耗量仅为旧楼的 1/4 左右。

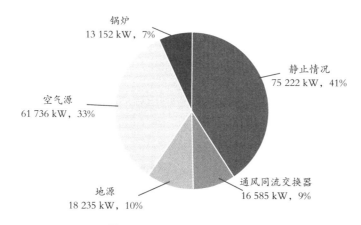

图 3.43　通风设备能源使用情况（2010 年）

表 3.4　新旧设计耗能的对比

	总容积（m³）	燃料消耗量	低热值	一次能源消耗量（kW·h/m³）
旧的设计	17 715	64 160 L	10.48 kW·h/L	37.98
新的方案	19 644	21 432 Sm³	9.55 kW·h/Sm³	10.42

注：Sm³ 表示 Standard m³

　　新型多源热泵系统，也已在某高校学生公寓热水系统得到实际应用，替代了常规能源驱动的空调系统，实现了冷暖空调和生活热水分级供能，并且取得了较好的应用效果（如图 3.44 和 3.45 所示）。

　　热泵技术的推广和应用已经得到了国家的大力支持，各项补贴政策对热泵技术的发展起到了极其关键的促进作用。通常中央会为指定的示范城市提供补贴，地方政府会为指定的示范工程提供补贴。例如，在 2010 年，中央拨给南宁市 8 000 万人民币，之后南宁市政府出台了一项补贴政策，为热泵示范工程补贴 50~70 元/m²，补贴的总额不能超过整个热泵系统的 50%。特殊情况下，中央也会直接为项目提供补贴，比如农村地区废水利用项目和地源热泵项目。

　　（九）垃圾追踪系统

　　垃圾问题一直受到居民普遍关注，如何解决堆积如山的垃圾是一个不可

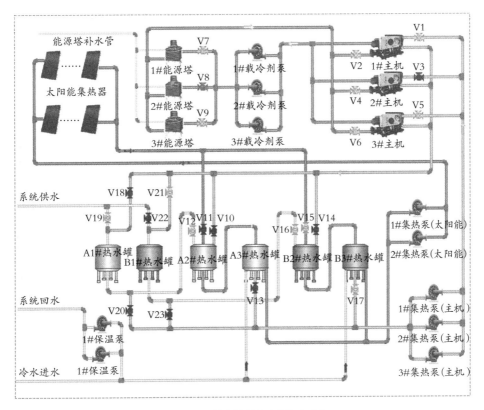

图 3.44　某高校学生公寓热水系统

图 3.45　某高校学生公寓热水系统实例

回避的问题。如今的社会，居民担忧的是垃圾回收之后那些看不到的过程，如垃圾是否已经被有效处理、真正变废为宝了，还是仅仅只是一个面子工程。垃圾进行分类回收之后，缺乏有效的处理，使已被分类的半成品形成二次污染，集中对水源环境进行破坏。

基于这样的假设和担忧，垃圾追踪系统将把"眼不见但心烦"的垃圾处理过程进行数据化追踪，让每个生活区内的人都能追踪到垃圾的最后去向，形成一种"看得见而且心安"的新型垃圾信息系统。具体做法是将数百个微型的、智能的位置感知标签附着在不同的垃圾上，从而实现对垃圾的追踪，最后将追踪数据传到城市垃圾管理系统，真正用现代技术解决废弃物监管问题。

随着 2015 年"纽约绿色倡议"的提出，纽约市要求到 2030 年年底，垃圾回收率达到 100%，所以，垃圾追踪技术应运而生。美国麻省理工学院可感知城市实验室已经积极地投身于这个课题中。他们首先通过民意调查的方式，对马萨诸塞州坎布里奇市的居民进行调查，了解他们对废弃物追踪技术的需求度。调查结果表明，人们确实存在对废弃物去向不明的担忧，迫切地想知道垃圾是怎么处理的，以及它们的最终去向。依托于 RFID 芯片技术的垃圾追踪系统已经开始规模性地在实验室范围应用。

垃圾追踪技术的提出，同样也给整个城市的参与者提出了一个崭新的课题，那就是垃圾信誉问题。垃圾追踪可以提醒每个参与者，丢弃垃圾并不意味着对垃圾的责任就此终结，居民对垃圾的责任将细化到督促监督直到垃圾的最后销毁或再利用。同时，垃圾追踪技术也将对所有垃圾处理公司提出更高的要求，因为垃圾的处理已经可视化可追踪，任何不负责任的处理垃圾的方式，都将引起居民的反对，从而减少废弃物处理不当的问题。

当然，垃圾追踪技术不可能避开成本这个问题。随着科技的进步，更多的 RFID 芯片将应用到垃圾处理体系中，这种芯片很便宜。随着越来越成熟的芯片技术和垃圾追踪带来的一系列优势，成本问题将变得不那么重要。

（十）能源分配与优化

能量分配和优化是智能能源网的一项核心内容，根据传感网络反馈的用户用能情况，利用优化算法，根据具体的应用需求，管理应用实施，并在部署区域内提供满足特定任务目的的能源分配和供给方案。

提出符合区域特点的能源分配和供给方案是一个相对复杂的工程，关系到环保性、经济性、高效性及居民满意度等多项指标。根据需求方要求，在这些指标中找到一个最适合当地发展的平衡点，是构架的关键。可利用多指标优化算法，针对不同区域特色，合理运用当地能源，提出切实可行的高效低投入的

"以主网供电为主，分布式能源补充"的能源分配和供给方案。该网络将利用分布式能源缓解公共能源网 20%~30% 的压力。近年来，很多地区和国家已经开始针对能源优化管理问题开发了相应的优化模型（如表 3.5 所示）。

表 3.5　能源优化管理模型

国家	模型	描述
德国	REMod.D	利用非线性优化模型，对目标区域能源供给情况进行优化，优化对象包括分布式能源和远程能源技术，优化指标为经济成本
澳大利亚	E4cast	主要用于对农业用能和资源进行优化管理
丹麦	EnergyPLAN	以经济性为指标，对能源系统进行规划管理
丹麦	COMPOSE	以经济性为指标，对能源系统进行规划管理，引入能源存储系统对系统的影响
德国	IKARUS	以经济性和环保性为优化指标，对包括潮汐能在内的多种能源进行优化管理
奥地利	MESSAGE	以经济性和环保性为指标，对可持续能源系统进行优化管理
英国	DESDOP	可利用实时数据导入，对区域供能状况进行协调优化
加拿大	RETScreen	贯彻"清洁能源"理念，以环保性和经济性作为依据，对清洁能源进行优化管理

采用新型多指标优化算法，以传感网络收集和数据库存储的数据、备选能源供给技术和能源存储技术作为输入参考，结合用户和决策者所需要考虑的问题衍生出来的优化指标，提出适合当地特色的能源供给方案（如图 3.46 所示）。其优化指标如下。

①能效分析：以能量品质利用率结合能源效率为主要指标。对于能源利用效率问题，传统的观点集中在以热力学第一定律为基础的能源效率（Energy Efficiency）上，以能源利用效率作为评判能源系统是否高效的唯一指标。随着能源品质概念的提出，单一地依靠能源利用效率衡量能源系统是否高效的方法已经行不通。通过能源品质的概念，电能、机械能等被看作高品位能源，而日常生活所需要的供暖、热水则被看作低品位能源；如果用高品位能

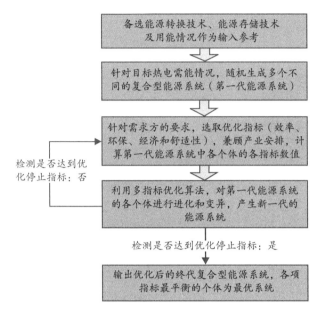

图 3.46　多指标能源调配优化

源满足低品位能源的需求，则不可避免地会产生能源品质不对等的现象。避免能量品质的不对等，尽量实现能源品质利用的最大化，已经成为新兴的能源高效利用的一个方向。因此，结合热力学第二定律的能源品质利用效率将与能源效率一起，成为衡量能源系统高效与否的重要指标。

②低碳分析：以全生命周期碳排放为主要指标。在目前的清洁能源利用中，单一的运营所产生的碳排放已经趋向于零。但是，在清洁能源技术的开发制造中，仍然存在着不可或缺的碳排放问题。全面看待一个清洁能源技术，必须从全生命周期的角度出发，通盘考虑其在制造、运输、销毁、维修等过程中产生的碳排放问题（如图 3.47 所示）。如太阳能光伏发电技术，在发电过程中，其清洁无污染的特点备受推广，但是从全生命周期的角度来说，在光伏板的生产过程中，多晶硅的制造工艺将会产生不可否认的环境负担。

③经济分析：以全生命周期成本为主要指标。经济性和环保性的分析已经不能单纯只从眼前利益出发，或仅考虑初期建设所产生的经济成本问题和环境问题，系统运行、维修乃至最后回收所需要的成本和环境问题也

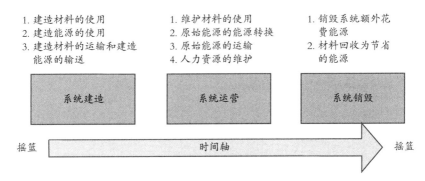

1. 建造材料的使用
2. 建造能源的使用
3. 建造材料的运输和建造能源的输送

1. 维护材料的使用
2. 原始能源的能源转换
3. 原始能源的运输
4. 人力资源的维护

1. 销毁系统额外花费能源
2. 材料回收为节省的能源

系统建造　　　系统运营　　　系统销毁

摇篮　　　　　　　时间轴　　　　　　摇篮

图 3.47　生命周期观点

需要全盘考虑。立足现在，展望未来，用全生命周期思维去看待环境和经济问题，才能够真正以发展的眼光和科学的态度去衡量一个系统是否优秀。特别是对于像风电、水电、太阳能技术等初期投资较高的能源技术，从全生命周期的角度，能够更加公正合理地评估其经济价值，有利于这些新技术的推广使用。

④用户满意度及可靠性分析：用户满意度也是不可或缺的一个环节，以牺牲用户满意度而带来能源系统效率提高，经济成本及环境负担降低，是不科学的，是一种舍本逐末的、目光短浅的行为。随着日益重视的以人为本的思路，在保证用户舒适满意基础上而产生的环保高效经济的新系统才具有真正可持续发展的意义。满意度的具体指标，将是一个包括热环境舒适度、光环境舒适度、声音环境舒适度及空气质量在内的多指标耦合的综合性参数。同时，随着新能源的使用，能否连续可靠地进行能源供给也成为一个不可避免的话题。新能源，特别是太阳能和风能受气候因素影响很大，如何有机地结合这些新能源，以达到连续可靠安全地供能，保证系统的稳定，将是新技术所带来的新问题。美国 ASHARE 协会已经对室内环境舒适度进行整体评估，提出了对室内热环境、光环境、空气质量舒适度的具体定义及其影响因素，并对其舒适范围进行了规定。北欧各国，特别是瑞典和丹麦，在体现以人为本的原则下，将室内舒适度的评估列为建筑的首要指标，只有在保证了具备满意度、方便舒适可靠地使用能源的基础上，谈节能减排才有真正的意义。为了推广这一理念，瑞典等国家在屋内安装各种形式的传感器，对温湿

度环境进行实时监控，可以避免不舒适的室内环境的出现，同时也可以保证满足舒适度而减少不必要能源的消耗。

（十一）能源信息法规建设和完善

在智能能源的建设过程中，法律道德规范建设也势在必行。如何规范智能能源网建设中的道德规范问题，确保智能能源网能够安全、高效地运行，是法制法规建设中不可或缺的一环，也是法制社会与能源建设有机结合的产物。对于智能能源网的行为规范，主要体现在以下几方面。

1. 能耗数据的公开化

说到底，智能能源网的基础在于信息的传递和再利用。对于用能端的数据，汇总收集到可靠而全面的数据是一项艰巨的工程，这要求所有用能单位，特别是大型企业、餐馆、酒店等单位公开其用能情况，一方面，可以有效地收集用能信息，供第三方分析使用；另一方面，可以通过公开展示用能数据，督促用能高于平均水平的单位和个人合理控制其能源消耗。

对于数据的公开，美国做出了重要的一步。在华盛顿特区，从政府开始，下达政府公告，要求所有的企业、办公楼、酒店、住宅，公开其实时能耗数据，让政府进行能耗数据的监管，从而汇总到统一的公共平台进行公开。其他第三方的能源优化分析企业，可以通过网络下载这些数据并进行分析，对整个片区的用能情况进行优化，提出更加合理的方案，从而做到经济、环保、舒适地对用户进行供能，减少不必要能源的消耗。

由美国能源部构建的、开源能源信息分享网站 OpenEI.org（如图 3.48 所示），不仅美国能源部能编辑资源和能耗信息，私人企业、项目管理人、国际社会等在一定范围内对清洁能源技术发展有所贡献的团体和个人都能将自己掌握的数据情况编辑到这个网站上（如图 3.49 所示）。这些数据的公开是合法的，并且是受到保护的。但是除了法律的保障，如何保证数据正确性和安全性是一个问题，需要制定法律来确保数据的使用途径是安全的，而美国能源部和国家可再生能源实验室（NREL）等国家实验室则负责派技术人员和相关领域的专家来核实由平台上传的数据的真实性，以及数据在使用过程中的合理性。这个过程同样需要相关法律法规来规范操作，否则错误的数据和不合理的使用将给国家和企业带来损失。

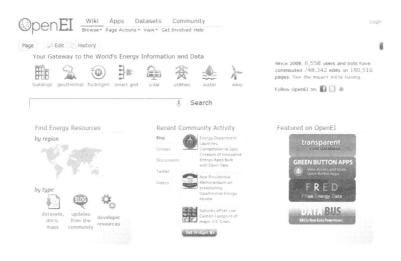

图 3.48　能源信息公开网站 OpenEI.org 主页

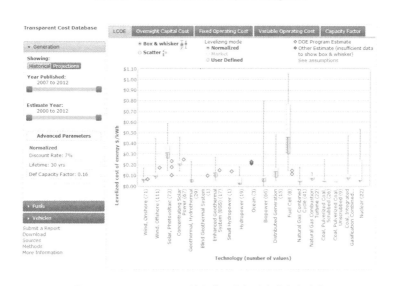

图 3.49　OpenEI.org 网站上收录的各种方式发电成本

2. 信息网络安全的保障

信息公开是一把双刃剑，用之合理，将造福于民；如果在信息交换传输的过程中，出现利用信息的违法行为，后果也将不堪设想。目前，针对能源信息监管的法律法规还不健全，提出合理有效的法规来规范信息时代的信息交换的行为，避免国家、企业的正当利益受到侵害，也将是如何用好这把双刃剑的秘诀之一。

智能能源网在很大程度上是一种纵向贯通、横向集成的海量数据存储和智能分析一体化网络，在网络建设、运行维护、泛在接入、实时监控、精细管理等各个阶段都要进行信息安全防护和规范化管理。智能能源网开放互联的特性，在架构一种对等、扁平、多向交互式流动的共享平台的同时，也存在面临更多潜在攻击的可能性。而且如此庞大数据的集中存储，一方面会出现由数据管理上的混乱造成的异类信息相互掺杂干扰的现象，另一方面会增加重要或隐私信息泄漏的风险。此外，该平台在利用先进数据分析手段进行各种有价值信息挖掘的同时，也容易成为黑客侵袭的目标。

因此，必须重视智能能源网的信息安全体系建设，加强对数据安全保障关键技术的研发，同时制定严格的数据管理和安全操作规范，建立日常监管制度，开发大数据分析技术，有针对性地查找和分析潜在信息安全漏洞和隐患，有效应对未来的网络攻击，为信息安全提供技术性支撑和保障。

四、重要启示

虽然我国智能能源网的概念提出较早，但目前还缺乏具有完整的示范性意义的工程。相较于发达国家，我国的新能源利用水平还较低，这限制了我国智能能源网的发展。同时，我国的智能电网较世界先进水平还有差距（如图3.50所示）。智能电网不仅是智能能源网的一部分，而且对其他子网和总平台的建设也具有示范意义。智能电网的发展也影响了新能源的并网发电。

我国在智能能源网建设方面也有巨大的优势，体现在如下几方面。

（1）国外发达国家城市化和工业化已经完成，而现阶段我国城市化、工业化和信息化同时进行，在实施智能能源网络建设时，在调度方面有很大余地；同时智能能源网的建设可以促进城市化、工业化和信息化的进程。根据2012年美国IBM公司的研究分析，中国、澳大利亚、美国在智能网规划和示范方面已取得相对更大的进步，特别是中国在大规模部署成熟的智能电网技术方面很可能领先。

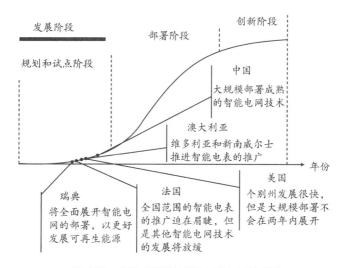

图 3.50　全球主要国家智能电网技术发展趋势

（2）我国城市人口众多，大型和特大型城市数量多，市场前景广阔；国家在智能电网建设、新能源开发，以及今后的智能能源网建设投入巨资，这是智能能源网产业化的前提。

（3）我国有已建的部分智能电网实验基地，在建或已建的新能源和分布式能源的项目，以及小规模的智能能源网试点；国家对节能减排设立了指标，对新能源产业和其他新兴产业进行政策扶持，这在技术和政策上对智能能源网建设提供了支持。

相对于优势，不能忽视在智能能源网建设中，依然存在如下问题。

（1）信息伦理建设急需加强。如今的社会处于一个大数据时代，信息的公开及数据共享已经成为智能化的一个标志。但是，和计算机产业类似，数据共享也是一把双刃剑，我们的技术走在了前面，但是伦理探索却落在了后面。随着智能能源系统的推进，如果能源与社会政务、城市管理、医疗、交通、商业、环境等各个核心系统都实现互联，那么网络的可靠性和数据的安全性都将成为影响智能能源系统建设顺利完成的两个重要因素。

无论什么问题，一旦发生全面或者局部的网络瘫痪，都会造成城市运行的混乱，而国家机密、企业私有信息、个人隐私信息的互联，一旦发生泄漏问题，将带来灾难性的后果。所以，在智能能源的构架和管理中，法律环境亟须做出调整。

（2）研究应注重全面性，能源系统具有供需两端，在提高供给端能源效率，寻找多种替代方法的同时，也应该同样重视需求端的能耗数据。建设交互式的能耗监控平台，指导用户在保证必要能耗的前提下，合理管理用能情况，可平缓用能曲线，避免峰谷差值所带来的一系列问题，并能使用户积极参与能源监管的过程，增加能源使用和供给双方的信息对等交换，促进能源信息平台的交互性进化。

（3）以人为本，满足人们日益增长的精神文明需求，致力于提高人们的生活水平和生活质量。舒适度这个词语已经被多次提及。智能能源网的开发必须全盘考虑居民舒适度问题，节约用能开支及推广新能源技术不能以牺牲舒适度为前提。在任何新技术推广中，提高使用者的满意度，真正让人们过上贴心的生活，才是衡量一项好技术的重要指标，也是群众路线和技术发展有机结合的重要标志。

（4）任何技术都要有始有终。有始有终主要落实在两个问题上：①要注意改建、生活等造成的废弃物的处理，要建立健全的废弃物追踪技术，保证废弃物的回收，并确保不会造成废弃物回收过后的二次污染；②对于新技术的推广，不能仅仅着眼于前期的安装及投入使用，更要注意后期的维护工作，保证技术能在其全生命周期内发挥最大功效。

（5）智能能源网的发展，必将带动新兴技术的发展，例如生物质燃料颗粒的生产、太阳能技术的制造业、多源热泵的生产线及废弃物回收利用工艺。如何有效地将这些新技术转化为相关产业，因地因时地对产业结构做出调整，为当地老百姓和城镇化发展所带来的进城务工人员提供有保障的就业机会，切实做到产业服务于民，也是未来新型产城一体化带来的课题。

第4章

i City 城市智能电网与智能能源网发展战略和相关建议

一、城市智能电网发展战略和相关建议

（一）提高配电资产利用率和供电可靠性

在我国，中压（10 kV）配电资产利用率低是城市电网的普遍现象。统计数据显示，我国绝大多数城市中压配电设备的年平均利用率在30%左右。设备利用率低不仅导致了更多的新设备建设投资，也增加了电力系统的运行维护费用，从而提高了电能成本。据美国能源部提供的数据，其配电设备全年平均利用率为43%。解决配电资产利用率低的问题已成为美国实施智能电网的重要原动力之一。用电负荷的快速增加、配电线路负载的不同时性以及消费用电的峰谷差大是导致电网设备资产利用率低的主要原因。而在现有配电网的规划、设计、建设和运行模式与定价方式下，我国是无法从根本上解决上述问题的。智能电网的提出，特别是其中的先进计量体系和实时／分时电价的实施，以及高级配电自动化的实现，将为提高配电网设备的资产利用率提供新的有效途径。

过去几年中，我国城市用户年均停电时间都在10 h以上，农村用户年均停电时间高达40个小时，而同期美国城乡用户年均停电时间不到2 h，欧洲发达国家在1 h左右，新加坡、日本则不到10 min。

目前我国的供电可靠性水平无法满足日益增长的优质用电需求。美国一项统计表明，每年由于供电可靠性所造成的经济损失达1 000亿美元，即用户每花1美元买电，同时还得付出30美分的损失。

从停电原因看，我国配网预安排停电时间约占总停电时间的78%。而在配网预安排停电中，由于网络拓扑不够灵活和自动化水平低，致使停电范围大和非影响区段转供电操作时间长，对供电可靠性影响较大；同时，在故障停电时，故障查找、定位、隔离、修复及恢复供电技术落后，造成故障停电恢复时间长，供电可靠性低。

值得注意的是，国内多数城市配电网的主设备在大部分时间都处于低负荷运行状态，平均负载率和资产利用率都很低。这一方面表明了系统运行具有较大的冗余调整能力；另一方面也凸显了我国目前的配电网运行和管理水平还具有较大的提升空间，完全可以通过采用灵活的、可重构的网络拓扑结构和实施智能电网中的高级配电自动化等技术手段，来同时提高电网供电可靠性和资产利用率。日本东京的配电网是实现配电自动化的范例，且他们已开始进行智能电网中高级配电自动化的研发和试点工程。

智能电网具备快速自愈的能力，能够充分利用监测信息及决策支持算法，在线实时自我评估并预测电网状态，针对异常运行状态实现准确预警，以便提前采取措施，防止停电事故的发生；当系统出现故障时，能够快速准确定位、快速隔离故障区段及快速恢复非故障区域的供电，保证供电可靠性。

（二）加强分布式可再生能源发电研究

受风电和光电的间歇性、不确定性等特征及不同地区特殊性的影响，上千万千瓦级超大型可再生能源的发电建设涉及电力系统规划、运行调度、频率调节、动态稳定等诸多十分复杂的问题，需要开展将其接入电网的充分论证。利用大容量的储能设备才能降低大规模的风电场、光伏电场间歇性特征的影响。

大规模风电和光电的发展已经在并网、市场和技术上显现出瓶颈问题。2008 年，在我国，仅仅由风电并网瓶颈造成的限电损失就接近全国风电总发电量的 6%。而国外经验表明，以分散方式、较低电压等级接入系统的风电，在电力调度上可以当作一种"逆负荷"管理，对电网主频率和电压等重要参数的影响甚小。因此，在研究大规模风电场、光电场并网和规划的同时，应加强"分散式、小规模、低电压"的风电场规划和开发，以便更有利于接入电网。

（三）实施灵活的电价政策

目前，智能电网概念的提出与实施的主体仍然是电力部门，居民与普通用电企业的参与积极性还没有体现出来。调整电价政策的目的是引导用户调整用电时间，实现削峰填谷，达到发电资源、输配电资源的最优化利用。从这个角度出发，实施分时（甚至实时）电价是智能电网实现互动性的前提，是引导用户根据电价信息及时制定各种用电策略的必要手段。没有分时电价的激励，智能电器无从响应、不能主动参与系统的实时平衡。

为了实施分时／实时电价，不仅要加强宣传，让居民与普通用电企业感受到双向、互动的智能配网和分布式发电所带来的效益，更需要有一系列的技术支持手段。

实施分时／实时电价的关键技术包括：

● 引导性政策；

● 电力市场技术支持系统；

● 智能电表；

● 双向通信技术；

● 用户门户技术；

● 虚拟发电厂；

● 用户侧能源管理系统；

● 智能家用设备。

（四）加强城市配电网智能化

未来智能电网的重心是智能配电网，在配电网中实现智能化容易获得较高的经济效益和社会效益。其中，微网通过单点接入电网，可以减少大量小功率分布式电源接入电网后对电网的影响，且微网的灵活运行模式将大大提高负荷侧的供电可靠性。

智能配电自动化技术的主要目标包括：提高电能质量，缩短停电时间，方便地接入各种分布式电源，与电力市场相结合，提高人身和设备安全，为用户提供多方面的服务等。其关键技术有：

- 智能配电网能量与通信系统的规划与设计；
- 基于分布式智能代理的配电快速仿真与模拟；
- 各种协调优化控制技术；
- 自愈控制技术；
- 分布式能源微网关键技术；
- 可视化和安全预警技术；
- 需求侧管理技术；
- 支持大规模电动汽车充电站接入的电网协调控制与交互技术；
- 智能配电网高级自动化设备与系统；
- 智能配电设备；
- 智能用电设备。

（五）制定鼓励城市智能能源网发展的相关政策

制定鼓励开放式能源行业企业的发展政策，打破单一的公共事业垄断运行模式；制定鼓励智能电网和城市能源网络建设的专项研究计划，加大新能源新技术研发的投资力度；制定鼓励性的经济政策、投资政策和相关法规；制定提高全民节能减排、可持续发展素质的教育计划；鼓励新能源技术创新，提高企业与科研院所在能源技术领域的协同创新能力；创建集成"功率流"与"信息流"环式开放型智能能源网络的示范城市；因地制宜地建设完善的城市公共事业设施，为构建智能网络提供基础平台。

（六）我国城市智能电网建设中应予重点关注的问题

（1）智能电网的特点是具有电力和信息的双向流动性，以便建立一个高度自动化的和广泛分布的能量交换网络。为了实时交换信息和达到设备层次上近乎瞬时的供需平衡，可把分布式计算和通信的优势引入电网。当前，我国特别需要提升对开发和利用分布式电源（发电、储能和需求响应）的重视程度。

（2）智能电网实施的顺序是有价值的，全面铺开的做法不一定是经济的，到完全的智能电网的过渡将是一个漫长的过程。AMI 通讯体系结构为智能能源网和智能城市的构建提供了契机，我国需要从国家层面做好通信网的顶层规划。

（3）智能电网的核心原则是要考虑：我们所从事的工作是否适用于市场？是否能激励用户？是否能实现资产优化？是否能够获得高效运行？为此实现智能电网应该坚持：

①用创新驱动发展，获得大量的知识产权，以降低智能电网的成本，提高智能电网的效益。

②事先进行充分的成本效益分析，电力公司和监管机构应该持续地向消费者展示，智能电网的效益最终是会超过其成本的，同时确保向消费者提供费用合理的电价。

③需要出台旨在激励电力用户、制造厂商和电力公司参与智能电网的法律和法规。我国应该加速实施分时 / 实时电价，开放用户侧的电力市场，积极推进"即插即用"的研发。

二、城市智能能源网发展战略和相关建议

（一）应明确发展目标和智能网络框架

智能能源网建设可以是逐步的，但整体设计不应着眼于燃气、电力、热力、水务等局部，而要统筹考虑（如图 4.1 所示）。国外已建成的部分城市智能能源系统，投入巨大，价格昂贵，阻碍其推广。因此，宜针对我国国情，提出适应市场需求的、合理的能源网络框架。

针对我国国情，我们的研究团队提出，以城市为核心，构建新型能源生产、消费多元双向交互架构，形成网架间高效能源流的智能交换，以"低碳高效、梯级利用、智能调配、优势互补"为目标发展智能能源网。在智能能源网的顶层设计中，不能一概而论，应该强调矛盾的特殊性，特事特例；针对不同的区域，应该充分发挥其区域特有优势，合理利用当地资源，发展出一套能源—城市—产业一体化的真正因地制宜的顶层设计方案。

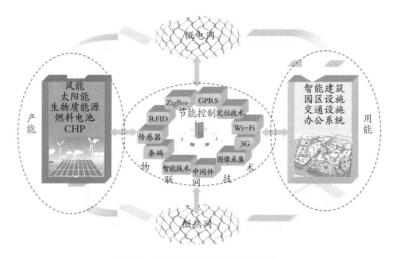

图 4.1　城市智能能源网络概念示意

（二）政府应充分发挥引领作用

建设城市智能能源网是进一步推进工业化、城市化的关键，也是实现可持续发展的重要手段，政府应在其中充分发挥引领作用。城市智能能源网的建设是一个复杂的系统工程，涉及多个子网和总平台的设计，这需要政府成立一个由多部门负责的委员会，统筹规划建设事宜，并出台城市智能能源网发展政策及建设规划。

在美国智能能源网的建设方面，美国选择在重点领域进行突破，注重政府与商业机构的合作，利用 UrbanSim 等智能化的城市仿真系统对城市空间发展进行优化。迪比克市是美国政府与 IBM 共同建设的美国首个拥有智能能源网的智能城市。同时在能源信息公开方面，包括美国能源部在内的政府机构，在信息公开的建立及健全中发挥了重要的引领作用。

在欧洲，可再生能源有着长足的发展，欧盟及各国政府的鼓励政策极大促进了新能源产业的发展，同时也为智能能源网的建立提供了可能。法国政府采取了鼓励加引导的方式，并希望用户自己进行设计；政府鼓励家庭安装微型发电装置，如家用燃气热电联产装置。在利用燃料获得电能的过程中，通常需要先将燃料的化学能转换为热能。按照热力学原理，热能不可能全部转换为电能，发电过程中必然产生副产品——热量。热电联产是对发电过程中产生的两种形式的能量——电能和热能均加以有效利用的方式。家用燃气热电联产装置的典型运行方式是，将燃气转换为动力或直接发电，同时回收利用热能。因此，相对于大型发电设备，家用燃气热电联产装置的能源利用效率可以提高 1 倍左右。

在亚洲，韩国政府把 U-City 建设作为 U-Korea 战略的落地举措，利用移动通信和物联网技术，对能源、城市设施、安全、交通、环境等进行智能化管理和控制，从而建立智能能源网。

（三）尽快建立智能社区，形成示范效应

城市智能能源网的建设需要以点带面的发展模式，需要先在局部形成示范效应，进而推向整个城市。我国在这方面还没有一个涉及多能源系统的、规模较大的试点。我国可以借鉴美国或者日本的经验，建立一个完全智能化的示范性社区，以此带动整个城市智能能源网的建设，提高产业化水平。

在示范区的建设问题上，国内外已经拥有诸多可供参考的案例。

阿姆斯特丹市中心的旧街道十分狭窄，而且运河发达，往来的船只与汽车造成的噪声和空气污染十分严重。阿姆斯特丹市政府希望在该区域推广"智能城市"计划示范区，以提高市民生活水平，创造新的产业布局，提供新的就业机会。整个示范区包括五大示范领域：数字监控设施的市政办公建设、太阳能共享计划、智能游泳池计划、智能家用充电及商务办公区域全面使用太阳能的节能计划。示范区建设的主要内容囊括以下几个层面：超过 700 户家庭安装智能电表和能源反馈显示设备，使居民参与到能源管理中，学会确立家庭能源使用方案；500 户家庭安装新型能源管理系统，目的是降低超过 10% 的能源消耗量和二氧化碳排放量；在阿姆斯特丹各个港口的 73 个靠岸电站中加入 154 个电源接入口，普及以利用清洁能源为主的发动机，以取代老式的重污染柴油发动机；街道照明采用节能技术，根据道路情况提供合理的照明方案。

除此之外，日本也在千叶县柏市柏之叶校园进行了节能环保智能的技术

展示和示范。在柏之叶，各大企业都拿出最顶尖的技术加以展示，例如，夏普提供太阳能发电技术，SAP 提供软件管理，伊藤忠提供锂电池和电动汽车，日立提供电网建设。在柏之叶，每座建筑、每户居民家里都配备了可以查询电、水、气、温湿度等在内的综合系统，将能源系统可视化。在可视化的基础上，通过协调系统对区域内各个资源进行合理配置，存储一部分能源，达到能源系统的最优化配置，从而该市被评为环境模范城市。

在国内，相关探索和展示也在有条不紊地进行着。昆明市规划局发布《昆明巫家坝新中心控制性详细规划》，计划未来将巫家坝片区打造成为独具特色、魅力和活力的昆明城市新中心，一个具生态、产业、宜居复合功能的"智慧城市"示范区。该地区主打现代服务、文化旅游、金融、高端教育和休闲养生业，将对原陈纳德故居进行保留改造和功能置换，建成一座城市级展览馆；结合片区历史文化底蕴，在规划区内建设航空博物馆、综合文化活动中心、全民健身中心、官渡区体育馆、区级综合医院等公共服务设施。该示范区的全面升级，将带动周边各个产业快速发展，着力将中心城区升级为主城东南门户的现代化城市精品商务及居住区，带动昆明从单一中心模式向多中心模式迈进。

（四）加强基础信息网络的建设和现有子网的改革

建设城市智能能源网需要以信息通信平台为支撑，以智能控制为手段，实现"能源流""信息流""业务流"高度融合。高效、稳定、安全的信息处理技术是智能能源网建设的核心。要从实际需求出发，根据国内外经验，建立一套具备完善安全策略，兼容各行业子网络的开放网络。

智能能源网的建设需要现有各子网的配合，这就需要政府汲取现有的智能电网建设经验，改革现有的电力、热力、水务、燃气网络，建立智能能源网的发展基础。

（五）加快发展新能源技术规模化发展

调整现有能源结构，大力发展新能源产业和新型节能技术是未来智能能源网建设的重要一环。新能源技术的普及存在两个问题：①新能源接入公共能源网的问题，特别是新能源发电接入公共电网的问题。新能源并网会引发诸如增加规划区电力负荷的预测难度及配电网规划的不确定性，对电能质量产生影响等问题。因此，普及新能源，一方面应该在规划方面提出预测性方案，合理安排可能涉及的线路规划；另一方面，加强对新能源技术可靠安全性的研究。②价格问题。虽然新能源技术具有高效低碳的巨大优势，但是在目前以价格为导向的市场经济模式下，大面积推广新能源技术仍然存在一定困难。所以，由政府牵头对新能源技术进行相应的经济扶持，是一条可行的发展路线。

政府除了应在政策上给予新能源产业支持外，还应理顺现有的能源资源价格体系，加大对各种新型节能技术的推广普及，如冷热电联供、太阳能制冷等，形成核心技术，提高新能源产业的竞争力，实现能源供应的多元化。

（六）引导企业和高校参与智能能源网的建设

在智能能源建设过程中，除了政府政策上的引导外，还需要企业的大力投入。作为技术研究主体，企业将承担智能能源网建设过程中大部分的研究、制造与搭建任务。企业应与各大高校之间展开更加密切的合作。

企业可以以高校人才资源为基础，以企业技术、研发项目为依托，以国家政策扶持为保障，加大对智能能源网络建设的资金投入；以新能源产业为切入点，利用大规模分布式能源形式，以社区为综合试点，尽快实现城市智能能源网的产业化。

（七）加强智能能源网建设中的伦理教育

数据共享是一把双刃剑，技术走在了前面，但是伦理探索却落在后面。网络的可靠性和数据的安全性都将成为影响智能能源网建设能否完成的两个重要因素。无论遇到什么问题，一旦发生全面或者局部的网络瘫痪，都会造成城市运行的混乱；而且因为国家机密、企业私有信息、个人隐私信息的互联，一旦其中任何一方的信息发生泄漏，都将带来灾难性的后果。

所以，在智能能源的构架和管理中，法律环境亟须做出调整，以规范用户在信息共享过程中的行为，相应的法律法规制定应该提上议程。而加强信息伦理教育，促使公民提高信息道德，将是不可或缺的一个环节。

（八）坚定贯彻以人为本的方针，提高人们的生活质量

城镇化是现代化的必由之路，是转变发展方式、调整经济结构、扩大国内需求的战略重点，是解决农业农村农民问题、促进城乡区域协调发展、提高人们生活质量的重要途径。改革开放以来，我国城镇化率年均提高 1.02 个百分点；2000 年以来，城镇化率年均提高 1.36 个百分点；2012 年，城镇化率达到 52.57%。

城镇化的本质可概括为四个字：农民进城。"人口城镇化"才是城镇化的本质含义。而如今，进城务工人员不断地在城市和农村之间流动，成为"两栖人"和"城市边缘人"，他们"进得来"城市，但是"留不下，过不好"。

智能能源网的推进，将带来新型冷热供给技术的蓬勃发展，新型热泵就是其中的一个代表。推行以热泵为代表的新型冷热供给技术，一方面可以减少对用于采暖供冷的传统能源的依赖，使采暖供冷的环保性和资源节约性得到保障；另一方面，相比于传统的冷热空调技术，新型技术更加贴近用户，从而使用户舒适度得到保障，响应政府"过得好"的倡导，切实可行地提高居民的生活质量。

（九）落实产业落地，解决就业问题

智能能源网不是一个单一的技术革新，而是一个结合人工智能及多种新能源技术，能"一揽子"解决能源问题的庞大系统工程。智能能源网在我国的逐步推进，必定会带来新兴产业的蓬勃发展，在大力推进智能能源网建设的同时，促进一体化的新型产城融合模式，使新型能源产业落地，为周边居民提供稳定的就业机会，从而落实户籍政策，解决"留下来"的问题，并从根本上实现人口城镇化的目标，为推行城镇化建设出力。